實戰

Vue.js入门
与商城开发实战

黄菊华 编著

U0334603

机械工业出版社
China Machine Press

图书在版编目（CIP）数据

Vue.js 入门与商城开发实战 / 黄菊华编著 . —北京：机械工业出版社，2020.9
（实战）

ISBN 978-7-111-66476-5

I. V⋯　II. 黄⋯　III. 网页制作工具－程序设计　IV. TP393.092.2

中国版本图书馆 CIP 数据核字（2020）第 167460 号

Vue.js 入门与商城开发实战

出版发行：机械工业出版社（北京市西城区百万庄大街 22 号　邮政编码：100037）	
责任编辑：赵亮宇	责任校对：殷　虹
印　　刷：三河市宏图印务有限公司	版　　次：2020 年 9 月第 1 版第 1 次印刷
开　　本：186mm×240mm　1/16	印　　张：18.25
书　　号：ISBN 978-7-111-66476-5	定　　价：79.00 元

客服电话：（010）88361066　88379833　68326294
华章网站：www.hzbook.com

投稿热线：（010）88379604
读者信箱：hzit@hzbook.com

Vue.js 正式发布于 2014 年 2 月，正如其官网介绍的，具备"易用、灵活和高效"的特点。其实 Vue.js 的本质是框架，而真正了解它的人会把它当成一件作品来欣赏。

Vue.js 是一个轻量级、易上手的前端框架，与其他框架相比，入门难度小，学习曲线平缓，因此越来越多的人开始投入 Vue.js 的怀抱，走进 Vue.js 的世界。又因为前端框架都与 HTML、CSS、JavaScript 结合紧密，所以你需要熟悉这些技术。

本书主要面向 Vue.js 的初级入门者，涵盖详细的理论知识、布局分析和逻辑分析，还有丰富的实战案例、详细的代码解说，具有很强的实用性。

本书主要分为三部分，共 15 章，主要内容如下。

第一部分包括第 1 ～ 7 章，主要讲解 Vue.js 的基础语法，包括模板、指令、数据绑定、表单、常用 v-if 指令、v-show 指令、v-for 循环、样式绑定、事件处理器、监听和计算属性等内容。我们在做项目时常会用到这些基础语法。

第二部分包括第 8 ～ 11 章，主要讲解 Vue.js 的高级语法，包括组件，自定义指令和响应接口，路由、过渡和动画，Vue.js 中的插件 Axios 等内容。

第三部分包括第 12 ～ 15 章，主要讲解如何使用 Vue.js 和 JavaScript 的基础知识构建一个完整的 Vue 商城，包括商城首页、商城分类、商城购物车、产品分类、产品列表、评论、地址管理、下单、会员注册、会员登录、密码修改、订单列表、收藏、信息列表和详情等界面的开发案例详解。

针对实战项目中的 Web 数据接口，我们提供了 ASP 版本、PHP 版本和 JSP 版本；为了方便新手入门，我们在代码中讲解 ASP 接口的使用，这样读者拿到代码后就可以在本地部署；使用 Windows 系统的读者可以直接在控制面板中部署 IIS，然后使用 ASP 接口，也可以参考笔者提供的视频。

本书示例代码力求完整，但由于篇幅有限，有些代码没有写入书中。需要完整代码的读者请访问以下网址（其中包含相关的视频课程）：

http://www.2d5.net/vue

http://www.hzyaoyi.cn/vue

黄菊华

2020 年春于杭州

Contents 目 录

第一部分 *Part 1*

基 础 知 识

这一部分我们主要讲解 Vue.js 的基础知识，为后面进行商城项目实战奠定基础。涉及的内容主要包括：Vue.js 的一些基础语法、数据绑定、表单使用、条件和循环指令、样式绑定、事件处理、监听和计算属性等。

Chapter 1 第 1 章

Vue.js 入门

本章主要针对 Vue.js 零基础的初级入门者，讲解如何开始 Vue.js 的开发学习，如何建立自己的第一个 Vue.js 程序页面。主要的内容包括：Vue.js 的入门示例和分析，使用哪个开发工具，如何安装 Vue.js。

1.1 Vue.js 简介

Vue.js（读音 /vju:/，类似于 view）是一套构建用户界面的渐进式框架。

Vue 只关注视图层，采用自底向上的增量式开发设计。

Vue 的目标是，通过尽可能简单的 API 实现响应的数据绑定和组合的视图组件。

Vue 学习起来非常简单，本书基于 Vue 2.x 版本。

阅读本书前，你需要了解如下知识：

❑ HTML

❑ CSS

❑ JavaScript

入门实例

这里首先展示一个入门实例的代码和效果图。然后在接下来的小节中引导大家一步一步建立这个页面。

实例效果如图 1-1 所示。

图 1-1　入门实例

代码示例如下：

```html
<!DOCTYPE html>
<html>
<head>
<meta charset="utf-8">
<title>Vue入门第一个vue页面</title>
<!--引用互联网中vue.js的代码，后面会讲解如何引用本地vue.js的代码-->
<script src="https://unpkg.com/vue/dist/vue.js"></script>
</head>
<body>
    <!--显示代码-->
    <div id="app">
        <!--显示变量message的内容，也就是显示"Hello Vue.js!"-->
        <p>{{ message }}</p>
    </div>
    <!--脚本代码-->
    <script>
        new Vue({
            el: '#app',
            data: {
                message: 'Hello Vue.js!'
            }
        })
    </script>
</body>
</html>
```

1.2　Vue.js 编辑器

Vue.js 页面是常规的 HTML 页面，所以我们可以使用常规的 HTML 编辑器来写 Vue. js 程序页面，当然也可以用复杂的工具，如 WebStorm、Eclipse、PhpStorm、Vscode、HBuider 等。本章主要针对入门者，因此这里使用最简易的记事本和 Dreamweaver 来给大家演示。

此处推荐 Dreamweaver 2019，在该工具里写代码的时候，直接会显示代码的运行结果，同时，也便于我们写布局和样式。

1.2.1 编辑器类型

可以使用专业的 HTML 编辑器来编辑，为大家推荐几款常用的编辑器。

❑ Dreamweaver：当前推荐版本 2019 或者 2020。

❑ Notepad++：https://notepad-plus-plus.org/。

❑ Sublime Text：http://www.sublimetext.com/。

❑ VS Code：https://code.visualstudio.com/。

你可以从以上软件的官网中下载对应的软件，按步骤安装即可。

每一种操作系统都带有简单的文本编辑器：

❑ Windows 用户可以使用记事本。

❑ Linux 用户可以选择几种不同的文本编辑器，如 vi、vim 或者 emacs。

❑ Mac 用户可以使用 OS X 预装的 TextEdit。

接下来我们将为大家演示如何使用系统的 Notepad++ 和 Dreamweaver 工具来创建 Vue.js 程序页面，其他两个工具的操作步骤与此类似。

1.2.2 使用 Notepad 建立第一个 Vue.js 页面

这里我们用 Windows 7 系统以及所带的记事本（Notepad）来建立第一个 Vue.js 页面。

1）在屏幕左下角点击开始图标，如图 1-2 所示。

图 1-2 开始

2）点击"所有程序"，找到"附件"，如图 1-3 所示。

3）点击"附件"，找到"记事本"，如图 1-4 所示。

4）打开"记事本"后，复制上节列出的 Vue.je 代码到记事本，效果如图 1-5 所示。

5）点击"文件"，然后点击"保存"（或者按快捷键 Ctrl+S），文件名为"第一个 Vue 页面 .html"，如图 1-6 所示；按内容填写即可，效果如图 1-7 所示。

图 1-3　附件

图 1-4　记事本

```
无标题 - 记事本
文件(F)  编辑(E)  格式(O)  查看(V)  帮助(H)
<!DOCTYPE html>
<html>
<head>
<meta charset="utf-8">
<title>Vue入门第一个vue页面</title>
<!--引用互联网中vue.js的代码，后面会讲解如何引用本地vue.js的代码-->
<script src="https://unpkg.com/vue/dist/vue.js"></script>
</head>
<body>
        <!--显示代码-->
        <div id="app">
            <!--显示变量message的内容，也就是显示"Hello Vue.js!"-->
            <p>{{ message }}</p>
        </div>
        <!--脚本代码-->
        <script>
            new Vue({
                el: '#app',
                data: {
                    message: 'Hello Vue.js!'
                }
            })
        </script>
</body>
</html>
```

图 1-5　复制"入门实例"代码到记事本

```
无标题 - 记事本
文件(F)  编辑(E)  格式(O)  查看(V)  帮助(H)
新建(N)        Ctrl+N
打开(O)...      Ctrl+O
保存(S)        Ctrl+S
另存为(A)...
页面设置(U)...
打印(P)...      Ctrl+P
退出(X)
                                </title>
                                码，后面会讲解如何引用本地vue.js的代码-->
                                g.com/vue/dist/vue.js"></script>

            <!--显示变量message的内容，也就是显示"Hello Vue.js!"-->
            <p>{{ message }}</p>
        </div>
        <!--脚本代码-->
        <script>
            new Vue({
                el:'#app',
                data: {
                    message: 'Hello Vue.js!'
                }
            })
        </script>
</body>
</html>
```

图 1-6　文件保存

图 1-7　填写保存的文件名

6）点击我们刚才保存的"第一个 Vue 页面 .html"，电脑会用默认浏览器打开，效果如图 1-8 所示。

图 1-8　360 浏览器打开效果

我们也可以选中该文件，右击，选择"打开方式"，选择其他浏览器（我们这里选择谷歌浏览器），效果如图 1-9 和图 1-10 所示。

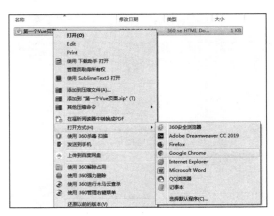

图 1-9　选择谷歌浏览器

图 1-10　谷歌浏览器打开效果图

1.2.3　使用 Dreamweaver 建立第一个 Vue.js 页面

可以从官网下载 Dreamweaver，也可查看本书相关网站上对应的安装视频，下载 Dreamweaver 后，按照提示操作即可。

下面介绍新建第一个 Vue.js 程序页面的方法，步骤如下。

1）打开 Dreamweaver，效果如图 1-11 所示。

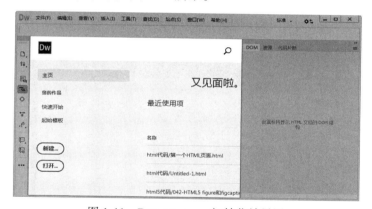

图 1-11　Dreamweaver 初始化效果图

2）点击"文件 (F)"，选择"新建 (N)"，如图 1-12 所示。

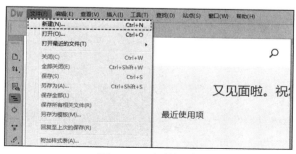

图 1-12　文件新建

3）填写标题，点击"创建"按钮，如图 1-13 所示。

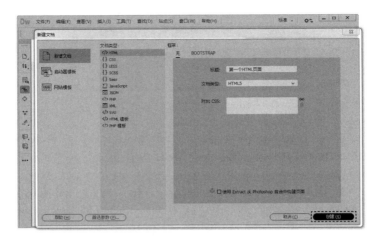

图 1-13 文件创建

4）复制代码内容到 Dreamweaver，效果如图 1-14 所示。

```
1   <!DOCTYPE html>
2 ▼ <html>
3 ▼ <head>
4     <meta charset="utf-8">
5     <title>第一个Vue页面</title>
6     <!--引用互联网中vue.js的代码，后面会讲解如何引用本地vue.js的代码-->
7     <script src="https://unpkg.com/vue/dist/vue.js"></script>
8   </head>
9 ▼ <body>
10
11    <div id="app">
12      <!--显示变量message的内容，也就是显示"Hello Vue.js!"-->
13      <p>{{ message }}</p>
14    </div>
15
16 ▼  <script>
17      new Vue({
18        el: '#app',
19        data: {
20          message: 'Hello Vue.js!'
21        }
22      })
23    </script>
24
25  </body>
26  </html>
```

图 1-14 复制代码到 Dreamweaver

5）点击"文件 (F)"，选择"保存 (S)"，如图 1-15 所示。填写文件名后点击屏幕下方的"保存"按钮，如图 1-16 所示。

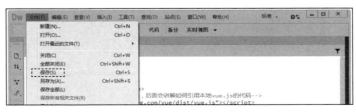

图 1-15 Dreamweaver 保存

图 1-16　Dreamweaver 填写文件名后保存

提示　按 1.2.2 节中所述方式浏览即可。

1.3　Vue.js 安装

Vue.js 不支持 IE 8 及以下版本，因为 Vue.js 使用了 IE 8 不能模拟的 ECMAScript 5 特性。Vue.js 支持所有兼容 ECMAScript 5 的浏览器。本节介绍三种安装方法：

- ❏　使用 CDN 方法。
- ❏　下载官方 Vue.js 框架。
- ❏　NPM 方法。

1.3.1　使用 CDN 方法

下面推荐比较稳定的几个 CDN，目前还是建议下载到本地（断网情况下本地也可以使用）。

- ❏　Staticfile CDN（国内）：https://cdn.staticfile.org/vue/2.2.2/vue.min.js，加载如下。

```
<!DOCTYPE html>
<html>
<head>
<meta charset="utf-8">
<title>Vue入门实战讲解-黄菊华老师</title>
<!--加载Staticfile CDN提供的vue.js框架-->
<script src="https://cdn.staticfile.org/vue/2.2.2/vue.min.js"></script>
</head>
```

```
<body>
<div id="app">
    <p>{{ message }}</p>
</div>

<script>
new Vue({
    el: '#app',
    data: {
        message: 'Hello Vue.js!'
  }
})
</script>

</body>
</html>
```

❑ unpkg：https://unpkg.com/vue/dist/vue.js，会保持和 NPM 发布的最新版本一致，加载如下。

```
<script src="https://unpkg.com/vue/dist/vue.js"></script>
```

❑ cdnjs：https://cdnjs.cloudflare.com/ajax/libs/vue/2.1.8/vue.min.js，加载如下。

```
<script src="https://cdnjs.cloudflare.com/ajax/libs/vue/2.1.8/vue.min.js "></script>
```

1.3.2　下载官方 Vue.js 框架

我们可以在 Vue.js 的官网上直接下载 vue.min.js，并用 <script> 标签引入。下载地址为 https://vuejs.org/js/vue.min.js。本书提供的源代码里面也包含了该 Vue.js 文件。

1.3.3　NPM 方法

由于 NPM 安装速度慢，本书使用了淘宝的镜像及其命令 cnpm。
NPM 版本需要大于 3.0，如果低于此版本，则需要将它升级，代码如下：

```
# 查看版本
$ npm -v
6.13.4

#升级 npm
cnpm install npm -g

# 升级或安装 cnpm
npm install cnpm -g
```

在用 Vue.js 构建大型应用时推荐使用 NPM 安装：

```
# 最新稳定版
$ cnpm install vue
```

命令行工具

Vue.js 提供了官方命令行工具，可用于快速搭建大型单页应用，示例代码如下：

```
# 全局安装 vue-cli
$ cnpm install --global vue-cli
# 创建一个基于 webpack 模板的新项目
$ vue init webpack my-project
# 这里需要进行一些配置，默认按Enter键即可
This will install Vue 2.x version of the template.

For Vue 1.x use: vue init webpack#1.0 my-project

? Project name my-project
? Project description A Vue.js project
? Author runoob <test@runoob.com>
? Vue build standalone
? Use ESLint to lint your code? Yes
? Pick an ESLint preset Standard
? Setup unit tests with Karma + Mocha? Yes
? Setup e2e tests with Nightwatch? Yes

   vue-cli · Generated "my-project".

   To get started:

     cd my-project
     npm install
     npm run dev

   Documentation can be found at https://vuejs-templates.github.io/webpack
```

进入项目，安装并运行：

```
$ cd my-project
$ cnpm install
$ cnpm run dev
 DONE  Compiled successfully in 4388ms

> Listening at http://localhost:8080
```

成功执行以上命令后访问 http://localhost:8080/，输出结果如图 1-17 所示。

 注意　Vue.js 不支持 IE 8 及其以下 IE 版本。

图 1-17 默认安装初始化页面

1.4 Vue.js 起步

每个 Vue 应用都需要通过实例化 Vue 来实现。语法格式如下：

```
var vm = new Vue({
    // 选项
})
```

下面我们通过实例来了解 Vue 构造器中需要哪些内容。

1.4.1 Vue 中变量的显示和自定义方法的使用

本节讲解变量的定义和显示、在自定义方法（函数）中返回变量的值。

我们在 data 代码块中定义了两个变量 site（网站名称）和 url（网站网址），直接在页面使用 {{}} 语法格式来显示。此外，在 methods 代码块中定义了一个方法 details，使用方法来返回变量 site（网站名称）和字符串的内容，在页面中调用该方法来显示。示例代码如下：

```
<!DOCTYPE html>
<html>
<head>
    <meta charset="utf-8">
    <title>Vue.js 起步</title>
    <!--加载本地vue.js的框架-->
    <script src="vue2.2.2.min.js"></script>
</head>
<body>

<!--定义div代码块的id的值，这里定义的值为app，后面Vue会使用该值-->
<div id="app">
    <!--显示变量site的值："淘宝网"-->
```

```
    <h2>网站名称：{{site}}</h2>
    <!--显示变量url的值：www.taobao.com-->
    <h3>网站网址：{{url}}</h3>
    <!--显示函数details的返回值："淘宝网 - 购物的天堂！"-->
    <h4>最终结果：{{details()}}</h4>
</div>

<script type="text/javascript">
    var vm = new Vue({
        el: '#app',  //app为前面div代码块的id的值，通过"#"号绑定
        //data区域定义属性/变量的值
        data: {
            site: "淘宝网",  //定义变量site的值
            url: "www.taobao.com"  //定义变量url的值
        },
        //在methods区域中定义自己所写的函数
        methods: {
            //自定义了一个函数，名称为details
            details: function()
            {
            //调用该函数的时候，会返回下面的值
            return  this.site + " - 购物的天堂！";
            }
        }
    })
</script>

</body>
</html>
```

效果如图 1-18 所示。

图 1-18　Vue 中变量的显示和自定义方法的使用

可以看到在 Vue 构造器中有一个 el 参数，它是 DOM 元素中的 id。在上面实例中 id 为 app，在 div 元素中：

```
<div id = "app"></div>
```

这意味着我们接下来的改动全部在以上指定的 div 内，div 外部不受影响。

接下来我们看看如何定义数据对象。

❑ data 用于定义属性，实例中有两个属性：site、url。

❑ methods 用于定义函数，可以通过 return 来返回函数值。

❑ {{ }} 用于输出对象属性和函数返回值。

当一个 Vue 实例被创建时，它向 Vue 的响应式系统中加入了其 data 对象中能找到的所有属性。当这些属性的值发生改变时，html 视图也将产生相应的变化：

```
<!--定义div代码块的id的值，这里定义的值为app，后面Vue会使用该值-->
<div id="app">
    <!--显示变量site的值"淘宝网"-->
    <h2>网站名称：{{site}}</h2>
    <!--显示变量url的值："www.taobao.com"-->
    <h3>网站网址：{{url}}</h3>
    <!--显示函数details的返回值："淘宝网 - 购物的天堂！"-->
    <h4>最终结果：{{details()}}</h4>
</div>
```

1.4.2　data 内容的另外一种定义方式

下面我们通过实例来了解一下 data 内容的另一种定义方式，该实例的步骤如下：

1）在 script 代码块中定义一个对象 mydata，内容如下：

```
var mydata = { site: "淘宝网", url: "www.taobao.com"}
```

同时在初始化 Vue 的时候赋值给 data，代码如下：

```
var vm = new Vue({
    el: '#app',          //app为前面div代码块的id的值，通过"#"绑定
    //data区域定义属性/变量的值，是我们的数据对象
    data:mydata
})
```

2）改变 Vue 实例中 site 的内容，html 视图的内容也会改变：

```
vm.site = "淘宝网-变更为-xx网";
```

示例代码如下：

```
<!DOCTYPE html>
<html>
<head>
    <meta charset="utf-8">
    <title>Vue.js 起步-data内容的另外一种定义方式</title>
    <!--加载本地vue.js的框架-->
    <script src="vue2.2.2.min.js"></script>
</head>
<body>

<!--定义div代码块的id的值，这里定义的值为app，后面Vue会使用该值-->
```

```
<div id="app">
    <!--显示变量site的值"淘宝网"-->
    <h2>网站名称: {{site}}</h2>
    <!--显示变量url的值: "www.taobao.com"-->
    <h3>网站网址: {{url}}</h3>
</div>

<script type="text/javascript">
    // 我们的数据对象
    var mydata = { site: "淘宝网", url: "www.taobao.com"}
    var vm = new Vue({
            el: '#app',          //app为前面div代码块的id的值,通过"#"绑定
            //data区域定义属性或变量的值,是我们的数据对象
            data:mydata
    })
    // 它们引用相同的对象
    document.write(vm.site === mydata.site);  // 返回值true
    document.write("<br>");
    // 设置属性也会影响到原始数据
    vm.site = "淘宝网-变更为-xx网";
    document.write(mydata.site + "<br>")
</script>

</body>
</html>
```

效果如图 1-19 所示。

图 1-19　改变 Vue 实例中 site 内容的效果

1.4.3　系统属性

除了数据属性,Vue 实例还提供了一些有用的实例属性,称为系统属性,都使用了前缀 "$",以便与用户定义的属性区分开来。代码示例如下:

```
<!DOCTYPE html>
<html>
<head>
    <meta charset="utf-8">
    <title>Vue.js 起步-前缀 $ 的使用</title>
```

```
    <!--加载本地vue.js的框架-->
    <script src="vue2.2.2.min.js"></script>
</head>
<body>

<!--定义div代码块的id的值，这里定义的值为app，后面Vue会使用该值-->
<div id="app">
    <!--显示变量site的值"淘宝网"-->
    <h2>网站名称：{{site}}</h2>
    <!--显示变量url的值："www.taobao.com"-->
    <h3>网站网址：{{url}}</h3>
</div>

<script type="text/javascript">
    // 我们的数据对象
    var mydata = { site: "淘宝网", url: "www.taobao.com"}
    var vm = new Vue({
            el: '#app',          //app为前面div代码块的id的值，通过"#"绑定
            //data区域定义属性/变量的值
            data:mydata
    })
    document.write(vm.$data ===
            mydata) // 返回true
    document.write("<br>")
    document.write(vm.$el ===
            document.getElementById
                ('app')) // 返回true
</script>

</body>
</html>
```

图 1-20　使用前缀"$"的页面效果

效果如图 1-20 所示。

1.4.4　入门知识点总结

知识点：Vue 中 data 数据的第 2 种定义方式。

我们可以先定义一个对象，将内容赋值在对象里面，然后将对象赋值给 Vue 中的 data。
示例代码如下：

```
var duixiang = { site: "大学课堂", url: "www.123.com", alexa: 10000}
var vm = new Vue({
    el: '#vue_det',
    data: duixiang
})
```

知识点：Vue 中 data 数据的改变和设置方式一。

示例代码如下：

```
var myvue = new Vue({
```

```
        el:"#myapp001",
        data:{
            site:"大学课堂",
            url:"www.123.com"
        },
        methods:{
            cs:function(){
                return "你好, " + this.url;
            }
        }
    })
```

改变方法如下：

```
myvue.site = "腾讯"
```

知识点：Vue 中 data 数据的改变和设置方式二。

示例代码如下：

```
var duixiang = { site: "大学课堂", url: "www.123.com", alexa: 10000}
var vm = new Vue({
    el: '#vue_det',
    data: duixiang
})
vm.site = "腾讯"
duixiang .site = "百度"
```

知识点：原生 JavaScript 如何输出 Vue 中的 data 数据。

示例代码如下：

```
document.write(vm.alexa)
```

知识点：Vue 中的系统属性。

除了数据属性，Vue 实例还提供了系统属性与方法，用前缀 "$" 表示，示例代码如下：

```
<script>
    var shuju={xing:"黄",ming:"菊华",dianhua:"13516821613"}
    var v = new Vue({
        el:"#app",
        data:shuju
    })
    document.write(shuju);
    document.write(v.$data);
    document.write(v.$data===shuju);
</script>
```

数 据 绑 定

Vue.js 使用了基于 HTML 的模板语法，允许开发者声明式地将 DOM 绑定至底层的 Vue 实例数据，即允许开发者采用简洁的模板语法声明式地将数据渲染进 DOM。结合响应系统，在应用状态改变时，Vue 能够智能地计算出重新渲染组件的最小代价并应用到 DOM 操作上。

本章主要讲解数据绑定涉及的一些基础语法和指令。

2.1　文本插值

Vue.js 里面的数据绑定，可以理解为属性内容的显示，属性内容在 Vue.js 中 data 里面定义，通过数据绑定形式显示在页面上。

对于程序开发人员来讲，data 里面定义的属性可以理解为变量。

数据绑定最常见的形式就是使用 {{ 属性名 }} 的文本插值，这里"属性名"左边和右边是双大括号。{{…}} 中填写的就是我们在 Vue.js 中 data 里定义的属性名。我们在微信小程序中也是使用该语法。

注意　这种方式只能显示不带 html 代码的属性值，可以理解为双大括号的数据绑定写法 {{ }} 会被 Vue 当成纯文本输出，如果要解析带 html 内容的属性，请使用 2.2 节所讲的 v-html 指令。

下面举例说明如何使用 {{}}（左右双大括号）来显示属性值，步骤如下：

1）在 script 的 data 代码块中定义变量，代码如下：

```
data: {
    message: '黄菊华老师, Hello Vue.js!' //定义属性message的值
}
```

2）在 html 视图的 Vue 代码块中显示，代码如下：

```
<div id="app">
<!--显示属性（变量）message: "Hello Vue.js!" -->
  <p>{{ message }}</p>
</div>
```

完整代码如下：

```
<!DOCTYPE html>
<html>
<head>
    <meta charset="utf-8">
    <title>模板语法-数据绑定-文本插值</title>
    <!--加载本地vue.js的框架-->
    <script src="vue2.2.2.min.js"></script>
</head>
<body>
    <!--定义div代码块的id的值，这里定义的值为app，后面Vue会使用该值-->
    <div id="app">
    <!--显示属性（变量）message: "Hello Vue.js!" -->
        <p>{{ message }}</p>
    </div>

    <script>
    new Vue({
        el: '#app',//app为前面div代码块的id的值，通过"#"绑定
        //data区域定义属性的值
        data: {
            message: '黄菊华老师, Hello Vue.js!' //定义属性message的值
        }
    })
    </script>
</body>
</html>
```

效果如图 2-1 所示。

图 2-1 显示属性值

2.2 v-html 指令

如果我们展示的数据包含元素标签或者样式，通俗来讲就是数据中包含 HTML 和 CSS 代码；我们想展示标签或样式所定义的属性作用，该怎么进行渲染？比如展示内容为：<h1> 这是一个 h1 元素内容 </h1>，我们需要使用 v-html 指令来输出 HTML 代码。

注意：

- ❑ 带有前缀 v- 的指令需要添加在 DOM 元素上，v-html 指令后面没有 {{}}，直接写变量名称。
- ❑ 不能使用 v-html 来与局部模板复合使用，因为 Vue 不是基于字符串的模板引擎。组件更适合担任 UI 重用与复合的基本单元。如果尝试在 v-html 绑定的结构中再添加其他内容（无论是文本还是 html），都会被忽略。如果后端返回包含了标签的内容，可以转化为 html 页面的形式展示。

下面我们来看一个实例：在 data 代码块中定义 message 和 message2 两个变量，message 是普通的纯文本，message2 是带有 html 代码的文本，我们在 html 视图将两个变量都使用普通变量模式输出和使用 v-html 指令输出，从而进行对比。完整的示例代码如下：

```
<!DOCTYPE html>
<html>
<head>
    <meta charset="utf-8">
    <title>模板语法-数据绑定-文本插值</title>
    <!--加载本地vue.js的框架-->
    <script src="vue2.2.2.min.js"></script>
</head>
<body>
<!--定义div代码块的id的值，这里定义的值为app，后面Vue会使用该值-->
    <div id="app">
        <!--显示属性message的值-->
         <p>{{ message }}-外面内容（显示在页面）</p>
        <!--显示属性message2的值，会将html代码标签H1显示出来-->
        <p>{{ message2 }}-外面内容（显示在页面）</p>
        <!--显示属性message的值-->
        <p v-html="message">外面内容（不显示）</p>
        <!--显示属性message2的值，会将html代码标签H1"解析"出来-->
        <p v-html="message2">外面内容（不显示）</p>
    </div>

    <script>
    new Vue({
        el: '#app',//app为前面div代码块的id的值，通过"#"绑定
        //data区域定义属性的值
        data: {
            message: '普通文本变量', //定义属性message的值，不带html标签，纯文字
```

```
        message2: '<h1>带html代码的变量<h2>', //定义属性message2的值，带html标签
        }
    })
    </script>
</body>
</html>
```

效果如图 2-2 所示。

图 2-2　普通变量输出与 v-html 指令输出

2.3　v-text 指令

如果想单纯展示 Vue 对象中的数据，可以使用文本渲染指令 v-text。v-text 的功能与 v-html 很相似，都是在容器标签内控制字符串内容的输出，v-text 输出纯文本，而 v-html 输出解析后的文本，该文本会覆盖掉原来的标签内容值。

如果是纯文本输出，那么输出的字符串结果和文本插值输出一样。但是 v-text 不常用，因为它组合字符串不够灵活；而使用插值输出，字符串内容可以任意拼接，但是 v-text 会覆盖原来的容器值。

v-text 的使用和我们使用普通变量的输出模式类似，这里不再举例。

2.4　v-once 指令

通常 v-for 后面需要接表达式，而 v-once 指令后面不需要跟任何表达式。v-once 在日常开发中用得很多，该指令表示元素和组件只渲染一次，不会随着数据的改变而改变。

只渲染元素和组件一次，随后的渲染使用此指令的元素 / 组件及其所有的子节点，都会当作静态内容并跳过，这可以用于优化更新性能。

我们接下来看一个实例。

1）在 data 代码块中定义一个变量 msg。

2）将变量 msg 双向绑定到 input：

```
<input type="text" v-model = "msg" name="">
```

3）html 视图中使用普通模式和 v-once 来显示变量的值，代码如下：

```
<p v-once>{{msg}}</p> <!--msg不会改变-->
<p>{{msg}}</p>
```

4）当修改 input 框的值时，使用了 v-once 指令的 p 元素不会随之改变，而第二个 p 元素是可以随之改变的。

完整示例代码如下：

```
<div id="app">
    <p v-once>{{msg}}</p> <!--msg不会改变-->
    <p>{{msg}}</p>
    <p>
        <input type="text" v-model = "msg" name="">
    </p>
</div>
<script type="text/javascript">
    let vm = new Vue({
        el : '#app',
        data : {
            msg : "hello"
        }
    });
</script>
```

2.5　v-cloak 指令

v-cloak 不需要表达式，它会在 Vue 实例结束编译时从绑定的 html 元素上移除。v-cloak 指令经常和 display:none 配合使用。

下面我们演示 v-cloak 指令在 Vue 中的使用，示例代码如下：

```
<div id="app" v-cloak>
    <div :style="{'color':color,'fontSize':fontSize+'px'}">文本</div>
    {{message}}
</div>

new Vue({
    el:'#app',
    data:{
        color:'red',
        fontSize:'14',
        message:'文本'
    },
})
```

注意，这时虽然已经加了指令 v-cloak，但实际这时没有起到任何作用，当网速较慢，Vue.js 文件还没有加载完时，页面上会显示 {{message}} 的字样，直到 Vue 创建实例、编译模板时，DOM 才会被替换，所以这个过程中屏幕是有闪动的，需要配合 CSS 来解决这个问题。代码如下：

```
<style type="text/css">
    [v-cloak] {
        display: none
    }
</style>
```

当我们使用 webpack 和 vue-router 时，项目中只有一个空的 div 元素，剩余的内容都是由路由挂载不同组件来完成的，所以不需要 v-cloak 指令。

2.6　v-bind 指令

v-bind 指令主要用于属性绑定，Vue 官方提供了一个简写方式 ":bind"。语法示例代码如下：

```
<!-- 完整语法 -->
<a v-bind:href="url"></a>
<!-- 缩写 -->
<a :href="url"></a>
```

v-bind 绑定的属性包括：class 属性、style 属性、value 属性、href 属性等，只要是属性，就可以用 v-bind 指令进行绑定。

以下实例判断 xianshi 的值，如果为 true，则使用 bjheise 类的样式，否则不使用该类。示例代码如下：

```
<!DOCTYPE html>
<html>
<head>
    <meta charset="utf-8">
    <title>模板语法-属性绑定 v-bind 指令</title>
    <!--加载本地vue.js的框架-->
    <script src="vue2.2.2.min.js"></script>
    <!--内部样式定义-->
    <style>
        /*定义黑色的背景，白色的字*/
        .bjheise{
            background-color:black; /*黑色背景*/
            color: white;/*白色字*/
        }
    </style>
</head>
<body>
    <!--定义div代码块的id的值，这里定义的值为app，后面Vue会使用该值-->
    <div id="app">
```

```
<!--label通过for的值和input的id值都是r1来绑定-->
<label for="r1">设置黑色背景，白色字体</label>
<!--选中input的时候会改变变量xianshi的值为true，然后下面就会调用样式bjheise-->
<input type="checkbox" v-model="xianshi" id="r1">
<br><br>

<!--上面的input选中时，下面会显示黑色背景，白色的字-->
<div v-bind:class="{'bjheise': xianshi}">
    v-bind:class 指令
</div><br>

<div class="bjheise">
    默认的样式；没有使用v-bind指令
</div>
</div>

<script>
new Vue({
    el: '#app',//app为前面div代码块的id的值，通过"#"绑定
    //data区域定义属性的值
    data: {
        //变量初始化，点击input的时候值会在true和false之间切换
        xianshi:false
    }
})
</script>
</body>
</html>
```

效果如图 2-3 和图 2-4 所示。

图 2-3　页面运行默认效果

图 2-4　勾选后运行 v-bind:class 的效果图

我们接下来再看看其他知识点：绑定一个属性、缩写、内联字符串拼接、class 绑定、style 绑定、绑定一个有属性的对象、通过 prop 修饰符绑定 DOM 属性、prop 绑定、通过 $props 将父组件的 props 一起传给子组件，参考示例如下：

```
<!-- 绑定一个属性 -->
<img v-bind:src="imageSrc">
<!-- 缩写 -->
<img :src="imageSrc">
<!-- 内联字符串拼接 -->
<img :src="'/path/to/images/' + fileName">
<!-- class 绑定 -->
<div :class="{ red: isRed }"></div>
<div :class="[classA, classB]"></div>
<div :class="[classA, { classB: isB, classC: isC }]">
<!-- style 绑定 -->
<div :style="{ fontSize: size + 'px' }"></div>
<div :style="[styleObjectA, styleObjectB]"></div>
<!-- 绑定一个有属性的对象 -->
<div v-bind="{ id: someProp, 'other-attr': otherProp }"></div>
<!-- 通过 prop 修饰符绑定 DOM 属性 -->
<div v-bind:text-content.prop="text"></div>
<!-- prop 绑定。prop 必须在 my-component 中声明-->
<my-component :prop="someThing"></my-component>
<!-- 通过 $props 将父组件的 props 一起传给子组件 -->
<child-component v-bind="$props"></child-component>
<!-- XLink -->
<svg><a :xlink:special="foo"></a></svg>
```

第 5 章会详细详解如何绑定普通样式和内联样式。

2.7 Vue.js 完全支持 JavaScript 表达式

对于所有的数据绑定，Vue.js 都提供了完全的 JavaScript 表达式支持。示例代码如下：

```
<div>{{number + 2}} </div>              // 一个简单的加计算
<div>{{OK?'显示':'不显示'}}</div>       // 三元计算
<div>
    {{ qihui.split('').reverse().join('') }}
</div> // 可以对更复杂的对数组或对象进行删除添加操作
```

上面这些实例只能在当前组件的作用域内才有效，然后被 JavaScript 解析，然而这里还有个限制：每个绑定都只能包含单个表达式，所以下面的例子是不会生效的。

```
<div>{{ let q = 2 }}</div>              //这不是表达式
<div>{{if(ok){return '显示'}}}</div>    //流控制也不会生效，请使用三元表达式
```

我们在下面的示例中演示如何使用一些常规的 JavaScript 语法。

下面这段代码中，我们首先在 data 代码块定义布尔型变量 ok 和字符串变量 message；

然后在 html 视图部分进行四则运算、三元运算、字符串连接、JavaScript 函数的使用。示例代码如下：

```html
<!DOCTYPE html>
<html>
<head>
    <meta charset="utf-8">
    <title>模板语法-完全的 JavaScript 表达式支持 </title>
    <!--加载本地vue.js的框架-->
    <script src="vue2.2.2.min.js"></script>
</head>
<body>
    <!--定义div代码块的id的值，这里定义的值为app，后面Vue会使用该值-->
    <div id="app">
        {{5+5}}<br> <!--JavaScript加法运算，结果为 10-->

        {{5-5}}<br> <!--JavaScript减法运算，结果为 0-->

        {{5*5}}<br> <!--JavaScript减法运算，结果为 25-->

        {{5/5}}<br> <!--JavaScript除法运算，结果为 1-->

        {{ ok ? 'YES' : 'NO' }}<br>
<!--JavaScript三元运算，结果为 YES-->

        {{ 'YES' + 'NO' }}<br>
<!--JavaScript字符串连接，结果为 YESNO-->

        {{ (new Date()).getFullYear() }}<br>
<!--JavaScript调用日期函数获取当前年份，比如 2020-->

        {{ message.split('').reverse().join('') }}
<!--JavaScript函数处理，反转字符串，结果为“师老华菊黄”-->

    </div>

    <script>
    new Vue({
        el: '#app',//app为前面div代码块的id的值，通过“#”绑定
        //data区域定义属性的值
        data: {
            ok: true, //定义布尔型变量
            message: '黄菊华老师' //定义字符串变量
        }
    })
    </script>
</body>
</html>
```

效果如图 2-5 所示。

图 2-5　Vue.js 中提供了完全的 JavaScript 表达式支持

2.8　Vue.js 指令总结

Vue.js 的常用指令如表 2-1 所示。

表 2-1　Vue.js 指令概览

指令名称	描　述	使用示例
v-model	绑定数据	\<input v-model="message">
v-text	输出文本，不能解析标签	\<p v-text="message">\</p>
v-html	输出文本，可解析标签	\<p v-html="message"/>p>
v-once	只绑定一次数据	\<p v-once >{{message}}\</p>
v-bind	绑定属性	\<img v-bind:src="imgurl"> 或 \<img :src="imgurl">
v-if	控制是否显示容器，值转为布尔型，为 false 时，注释该容器；为 true 时显示	\<div v-if="true">\</div>
v-show	控制是否显示容器，设置为 true 时显示，为 false 时不显示	\<div v-show="true">\</div>
v-for	循环遍历数组、对象	\<li v-for="(val,key) in arr">{{val}}\</li>
v-cloak	在还没有执行到 Vue 代码的时候隐藏元素，可解决闪烁问题	\<p v-cloak>{{message}}\</p>

2.8.1　基础用法

指令（directive）是 Vue.js 模板中最常用的一项功能，带有前缀 v-，在前面我们已经介绍了一些指令，比如 v-html、v-once、v-bind 等。指令的主要职责是，当其表达式的值改变时，相应地将某些行为应用到 DOM 上；我们可以将指令看作特殊的 html 特性。

下面，我们通过 if 指令来判断某些内容是否显示。

1）我们在 data 代码块中定义两个布尔型变量：xianshi:true 和 buxianshi:false。

2）我们在 html 视图代码块中结合变量和 v-if 指令。代码如下：

```
<!--属性的值xianshi为true，则下面段落显示-->
```

```
<p v-if="xianshi">使用了if指令，显示内容</p>

<!--属性的值buxianshi为false，则下面段落不显示-->
<p v-if="buxianshi">使用了if指令，这里的内容不显示</p>
```

完整示例代码如下：

```html
<!DOCTYPE html>
<html>
<head>
    <meta charset="utf-8">
    <title>Vue.js中的指令</title>
    <!--加载本地Vue.js的框架-->
    <script src="vue2.2.2.min.js"></script>
</head>
<body>
    <!--定义div代码块的id的值，这里定义的值为app，后面Vue会使用该值-->
    <div id="app">

        <!--属性的值xianshi为true，则下面段落显示-->
        <p v-if="xianshi">使用了if指令，显示内容</p>

        <!--属性的值buxianshi为false，则下面段落不显示-->
        <p v-if="buxianshi">使用了if指令，这里的内容不显示</p>

    </div>

    <script>
    new Vue({
        el: '#app',//app为前面div代码块的id的值，通过"#"绑定
        //data区域定义属性的值
        data: {
            xianshi:true,
            //定义布尔型变量，不能添加双引号或者单引号；
            //后面还有数据，则这里定义完毕后面需要跟上逗号","
            buxianshi:false
            //后面没有数据，则这里定义完毕后面不需要跟上逗号","
        }
    })
    </script>
</body>
</html>
```

效果如图 2-6 所示。

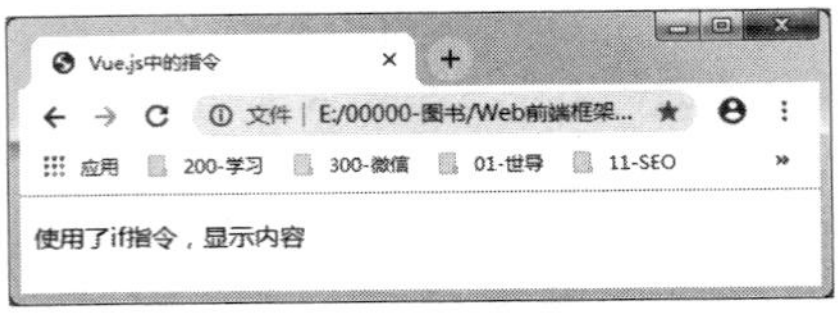

图 2-6　Vue.js 中的指令基础用法

2.8.2　指令参数

参数在指令后以冒号指明。对于 html 的属性来讲，冒号后面跟的是 html 原来的属性。

下面我们在示例中使用后面跟参数的 **v-bind** 指令来演示网址的打开、图片的下载、点击事件的调用。

示例代码如下：

```
<!DOCTYPE html>
<html>
<head>
    <meta charset="utf-8">
    <title>Vue.js中的指令</title>
    <!--加载本地vue.js的框架-->
    <script src="vue2.2.2.min.js"></script>
</head>
<body>
    <!--定义div代码块的id的值，这里定义的值为app，后面Vue会使用该值-->
    <div id="app">

        <!--打开一个到淘宝的页面，网址通过参数的形式传递-->
        <a v-bind:href="wangzhi" v-bind:target="target">去淘宝网</a><br>

        <!--加载一个图片，图片的地址通过参数传递-->
        <img v-bind:src="tupiandizhi" width="50"></img><br>

        <!--按钮的点击事件通过参数传递来执行-->
        <button v-on:click="mybt01()">使用Vue.js语法的按钮</button>

        <hr>
        <!--下面是原生JavaScript调用点击事件-->
        <button onclick="mybt01()" >原生js调用点击事件</button>
    </div>

    <script>
    //下面是Vue.js的代码块-开始
    new Vue({
        el: '#app',//app为前面div代码块的id的值，通过"#"绑定
        //data区域定义属性的值
        data: {
            wangzhi: 'http://www.taobao.com',//定义网址
            //后面还有数据，则这里定义完毕后面需要跟上逗号","
            tupiandizhi:'img/v.png',//定义图片地址
            target:'_blank'      //链接在新窗口打开
            //后面没有数据，则这里定义完毕后面不需要跟上逗号","
        }
    }) //Vue.js的代码块-结束

        //下面是定义原生JavaScript的函数，在vue.js中可以调用
```

```
function mybt01()
{
    alert("你好，黄菊华老师！")//弹出提示框
}
</script>
</body>
</html>
```

效果如图 2-7 和图 2-8 所示。

图 2-7 页面运行的默认效果图

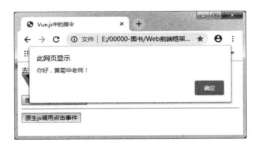

图 2-8 点击按钮后，弹出提示框

在上面的示例中，href 是参数，告知 v-bind 指令将该元素的 href 属性与表达式 url 的值绑定。

上面的示例中，v-on 指令用于监听 DOM 事件：

```
<a v-on:click="doSomething">
```

在这里参数是监听的事件名。

2.8.3 指令缩写

Vue.js 为两个最为常用的指令 v-bind 和 v-on 提供了特别的缩写形式，示例代码如下：

```
<!-- 完整语法 -->
<a v-bind:href="url"></a>
<!-- 缩写 -->
```

```
<a :href="url"></a>

<!-- 完整语法 -->
<a v-on:click="doSomething"></a>
<!-- 缩写 -->
<a @click="doSomething"></a>
```

2.8.4 修饰符

修饰符是以半角句号"."指明的特殊后缀，用于指出一个指令应该以特殊方式绑定。例如，.prevent 修饰符告诉 v-on 指令对于触发的事件调用 event.preventDefault()。示例代码如下：

```
<form v-on:submit.prevent="onSubmit"></form>
```

第 3 章

表单和双向数据绑定

本章主要讲解 Vue.js 中 v-model 绑定表单元素的使用。v-model 指令用于在 input、select、textarea、checkbox、radio 等表单控件元素上创建双向数据绑定，根据表单上的值自动更新绑定的元素的值。

我们先讲解 v-model 在普通控件中的使用，再讲解绑定数据时如何使用过滤器，然后讲解表单中数据的获取，最后讲解 v-model 如何与修饰符一起使用。

3.1 v-model 的基础用法

v-model 会忽略所有表单元素的 value、checked、selected 特性的初始值，而总是将 Vue 实例的数据作为数据来源。通过 JavaScript 在组件的 data 选项中声明初始值。v-model 本质上是一个语法糖。

示例代码如下：

```
<input v-model="test">
```

本质上来讲，上面的代码和下面的代码作用一致：

```
<input :value="test" @input="test = $event.target.value">
```

其中，@input 是对 <input> 输入事件的监听；:value="test" 是将监听事件中的数据放入 input。下面是 v-model 的一个简单例子。

此处需要强调一点，v-model 不仅可以给 input 赋值，还可以获取 input 中的数据，而且数据的获取是实时的，因为语法糖中是用 @input 对输入框进行监听的。

可以在如下 div 中加入 <p>{{ test}}</p> 来获取 input 数据，然后修改 input 中数据，会发现 <p></p> 中数据随之改变。

我们看下面的示例。在 data 代码块中定义一个变量 test，然后在 input 组件中使用 v-model= "test" 来实现双向绑定，完整示例代码如下：

```
<div id="app">
    <input v-model="test">
    <!-- <input :value="test" @input="test= $event.target.value" --><!--语法糖-->
</div>
<script src="/resources/js/vue.js"></script>
<script>
    new Vue({
        el: '#app',
        data: {
            test: '这是一个测试'
        }
    });
</script>
```

3.1.1　在 input 中使用

在 input 输入框中，我们可以使用 v-model 指令来实现双向数据绑定。

我们接下来做一个示例：当改变 input 的内容时，显示内容同步改变。具体步骤如下：

1）在 Vue.js 的 data 区域定义一个变量 message，同时给它一个初始值。

2）通过 {{…}} 语法，将变量 message 的值显示在页面。

3）使用 v-model="message"，将 input 标签双向绑定值到变量 message。

4）尝试改变 input 标签里面的值，变量 message 的值也会同步改变。

示例代码如下：

```
<!DOCTYPE html>
<html>
<head>
    <meta charset="utf-8">
    <title>双向数据绑定v-model指令（input）</title>
    <!--加载本地vue.js的框架-->
    <script src="vue2.2.2.min.js"></script>
</head>
<body>
    <!--定义div代码块的id的值，这里定义的值为app，后面Vue会使用该值-->
    <div id="app">
        <!--input输入框的内容改变的时候，这里的内容也改变-->
        <p>{{ message }}</p>
        <!--input双向绑定到属性message-->
        <input v-model="message">
    </div>
```

```
<script>
//下面是Vue.js的代码块-开始
new Vue({
    el: '#app',//app为前面div代码块的id的值，通过"#"绑定
    //data区域定义属性的值
    data: {
        message: 'Vue教程'
        //后面没有数据，则这里定义完毕后面不需要跟上逗号","
    }
}) //Vue.js的代码块-结束
</script>

</body>
</html>
```

效果如图 3-1 和图 3-2 所示。

图 3-1　input 页面初始化显示内容

图 3-2　改变 input 输入框的内容，显示内容同步改变

3.1.2　在 textarea 中使用

在 textarea 输入框中，我们可以使用 v-model 指令来实现双向数据绑定。

我们接下来做一个示例：在改变 textarea 的内容时，显示内容同步改变。具体步骤如下：

1）在 Vue.js 的 data 区域定义一个变量 message，同时给它一个初始值。

2）通过 {{…}} 语法，将变量 message 的值显示在页面。

3）使用 v-model="message"，将 textarea 标签双向绑定值到变量 message。

4）尝试改变 textarea 标签里面的值，变量 message 的值也会同步改变。

示例代码如下：

```html
<!DOCTYPE html>
<html>
<head>
    <meta charset="utf-8">
    <title>双向数据绑定v-model指令（textarea）</title>
    <!--加载本地vue.js的框架-->
    <script src="vue2.2.2.min.js"></script>
</head>
<body>
    <!--定义div代码块的id的值，这里定义的值为app，后面Vue会使用该值-->
    <div id="app">
        <!--input输入框的内容改变的时候，这里的内容也改变-->
        <p>{{ message }}</p>
        <!--textarea双向绑定到属性message-->
        <textarea  v-model="message"></textarea>
    </div>

    <script>
    //下面是Vue.js的代码块-开始
    new Vue({
        el: '#app',//app为前面div代码块的id的值，通过"#"绑定
        //data区域定义属性的值
        data: {
            message: 'Vue教程'
            //后面没有数据，则这里定义完毕后面不需要跟上逗号"，"
        }
    }) //Vue.js的代码块-结束
    </script>

</body>
</html>
```

效果如图 3-3 和图 3-4 所示。

图 3-3   textarea 页面初始化显示内容

图 3-4   改变 textarea 输入框的内容，显示的内容同步改变

3.1.3 在 select 中使用

在 select 输入框中，我们可以使用 v-model 指令来实现双向数据绑定。

在 select 中实现双向数据绑定时，有个核心知识点要注意，select 中默认选项是 v-model 绑定的值。

我们接下来做一个示例：当改变 select 下拉选项时，显示内容同步改变。具体步骤如下：

1）在 Vue.js 的 data 区域定义一个变量 xuanzhong，同时给它一个初始值。

2）通过 {{…}} 语法，将变量 xuanzhong 的值显示在页面。

3）使用 v-model="message"，将 select 标签双向绑定值到变量 xuanzhong。

4）尝试改变 select 下拉选项，变量 xuanzhong 的值也会同步改变。

示例代码如下：

```
<!DOCTYPE html>
<html>
<head>
    <meta charset="utf-8">
    <title>双向数据绑定v-model指令（select）</title>
    <!--加载本地vue.js的框架-->
    <script src="vue2.2.2.min.js"></script>
</head>
<body>
    <!--定义div代码块的id的值，这里定义的值为app，后面Vue会使用该值-->
    <div id="app">
        <!--select双向绑定到属性xuanzhong，默认会选中该属性值对应的项目-->
        <select v-model="xuanzhong" name="shuiguo">
            <option value="0">请选择</option>
            <option value="p">苹果</option>
            <option value="x">香蕉</option>
            <option value="l">荔枝</option>
        </select>
        <!--上面select选项改变的时候，下面的xuanzhong显示的内容也会改变-->
        <span>默认: {{ xuanzhong }}</span>
    </div>

    <script>
    //下面是Vue.js的代码块-开始
    new Vue({
        el: '#app',//app为前面div代码块的id的值，通过"#"绑定
        //data区域定义属性的值
        data: {
            xuanzhong:"x"
            //后面没有数据，则这里定义完毕后面不需要跟上逗号","
        }
```

```
    })  //Vue.js的代码块–结束
    </script>

</body>
</html>
```

效果如图 3-5 ~ 图 3-7 所示。

图 3-5　select 页面初始化，默认显示 x

图 3-6　select 默认显示的下拉选项

图 3-7　改变 select 的下拉选项，显示的值同步改变

3.1.4　在 checkbox（单选）中使用

在 checkbox 输入框中，我们可以使用 v-model 指令来实现双向数据绑定。

在 checkbox 中实现双向数据绑定时，有个核心知识点要注意，checkbox 中默认选项是 v-model 绑定的值。

我们接下来做一个示例：当改变 checkbox 选中选项时，显示内容同步改变。具体步骤如下：

1）在 Vue.js 的 data 区域定义一个变量 xuanzhong，同时给它一个初始值。

2）通过 {{…}} 语法，将变量 xuanzhong 的值显示在页面。

3）使用 v-model="message"，将 checkbox 标签双向绑定值到变量 xuanzhong。

4）尝试改变 checkbox 选中状态，变量 xuanzhong 的值也会同步改变。

示例代码如下：

```
<!DOCTYPE html>
<html>
<head>
    <meta charset="utf-8">
    <title>双向数据绑定v-model指令（checkbox单选）</title>
    <!--加载本地vue.js的框架-->
    <script src="vue2.2.2.min.js"></script>
</head>
<body>
    <!--定义div代码块的id的值，这里定义的值为app，后面Vue会使用该值-->
    <div id="app">
    <!--input双向绑定到属性xuanzhong，默认该值为true，则下面的input处于选中状态-->
    <input type="checkbox" v-model="xuanzhong" id="c1">
    <!--label中for属性的值和上面input中id的值一致来实现两者点击的绑定-->
    <!--input选中状态改变的时候，下面显示的内容也会改变-->
    <label for="c1">{{xuanzhong}}</label>
    </div>

    <script>
    //下面是Vue.js的代码块-开始
    new Vue({
        el: '#app',//app为前面div代码块的id的值，通过"#"绑定
        //data区域定义属性的值
        data: {
            xuanzhong: true, //定义默认值为true
            //后面没有数据，则这里定义完毕后面不需要跟上逗号","
        }
    }) //Vue.js的代码块-结束
    </script>

</body>
</html>
```

效果如图 3-8 和图 3-9 所示。

图 3-8　checkbox（单选）页面初始化，默认选中 true

图 3-9　改变 checkbox（单选）选中状态，显示的值同步改变

3.1.5　在 checkbox（多选）中使用

checkbox 多选和单选的原理一致，区别在于 checkbox 单选项的值为 true 和 false，多选项的值为数组。

示例代码如下：

```
<!DOCTYPE html>
<html>
<head>
    <meta charset="utf-8">
    <title>双向数据绑定v-model指令（checkbox单选）</title>
    <!--加载本地vue.js的框架-->
    <script src="vue2.2.2.min.js"></script>
</head>
<body>
    <!--定义div代码块的id的值，这里定义的值为app，后面Vue会使用该值-->
    <div id="app">
        <!--input双向绑定到属性xuanzhong，默认该值为"天津"，
        则下面对应的选中处于选中状态-->
        <input type="checkbox" v-model="xuanzhong" value="天津">天津
        <input type="checkbox" v-model="xuanzhong" value="北京">北京
        <input type="checkbox" v-model="xuanzhong" value="上海">上海
        <!--input选中状态改变的时候，下面显示的内容也会改变-->
        <br><label for="">{{xuanzhong}}</label>
    </div>

    <script>
    //下面是Vue.js的代码块-开始
    new Vue({
        el: '#app',//app为前面div代码块的id的值，通过"#"绑定
        //data区域定义属性的值
        data: {
            xuanzhong:["天津"] //选中项为数组
            //后面没有数据，则这里定义完毕后面不需要跟上逗号","
        }
    }) //Vue.js的代码块-结束
    </script>

</body>
</html>
```

效果如图 3-10 和图 3-11 所示。

图 3-10 checkbox（单选）页面初始化，默认选中"天津"

图 3-11 改变 checkbox（多选）多选项，显示的值同步改变

3.1.6 在 radio（单选）中使用

我们接下来做一个示例：当改变 radio 选中状态时，显示内容同步改变。具体步骤如下：

1）在 Vue.js 的 data 区域定义一个变量 moren，同时给它一个初始值。

2）通过 {{…}} 语法，将变量 moren 的值显示在页面。

3）使用 v-model=" moren"，将 radio 标签双向绑定值到变量 message。

4）尝试改变 radio 选项的状态，变量 moren 的值也会同步改变。

示例代码如下：

```html
<!DOCTYPE html>
<html>
<head>
    <meta charset="utf-8">
    <title>双向数据绑定v-model指令（radio单选）</title>
    <!--加载本地vue.js的框架-->
    <script src="vue2.2.2.min.js"></script>
</head>
<body>
    <!--定义div代码块的id的值，这里定义的值为"app"，后面Vue会使用该值-->
    <div id="app">
        <!--input双向绑定到属性moren，默认该值为"男"，则下面对应的选项处于选中状态-->
        <input type="radio" v-model="moren" value="男"> 男
        <input type="radio" v-model="moren" value="女"> 女
        <!--input选中状态改变的时候，下面显示的内容也会改变-->
        <br>性别: <span>{{moren}}</span>
    </div>
    <script>
```

```
//下面是Vue.js的代码块-开始
new Vue({
    el: '#app',//app为前面div代码块的id的值，通过“#”绑定
    //data区域定义属性的值
    data: {
    moren: "男" //定义默认值
    //后面没有数据，则这里定义完毕后面不需要跟上逗号“，”
    }
}) //Vue.js的代码块-结束
</script>

</body>
</html>
```

效果如图 3-12 和图 3-13 所示。

图 3-12　radio 页面初始化，默认选中“男”

图 3-13　改变 radio 页面选项，显示的值同步改变

3.1.7　在链接 a 中应用

网页中的链接 a 标签有两个常用的属性：href 和 target，我们可以通过 v-bind: 指令将对应的属性绑定到 Vue.js 中 data 属性的值。

我们接下来做一个示例：在 Vue.js 中 a 标签使用 v-bind: 指令。具体步骤如下：

1）在 Vue.js 的 data 区域定义变量 wangzhi（网址）和变量 target（打开新窗口）。

2）在 a 标签中，使用 v-bind:href="wangzhi" 绑定网址，使用 v-bind:target="target" 绑定新窗口打开属性。完整示例代码如下：

```
<!DOCTYPE html>
<html>
<head>
```

```
    <meta charset="utf-8">
    <title>双向数据绑定v-model指令（链接a应用）</title>
    <!--加载本地vue.js的框架-->
    <script src="vue2.2.2.min.js"></script>
</head>
<body>
    <!--定义div代码块的id的值，这里定义的值为app，后面Vue会使用该值-->
    <div id="app">
        <!--打开一个到淘宝的页面，网址通过参数的形式传递-->
        <a v-bind:href="wangzhi" v-bind:target="target">黄老师站点</a><br>
    </div>

    <script>
    //下面是Vue.js的代码块-开始
    new Vue({
        el: '#app',//app为前面div代码块的id的值，通过“#”绑定
        //data区域定义属性的值
        data: {
            wangzhi: 'http://www.8895.org',//定义网址
            //后面还有数据，则这里定义完毕后面需要跟上逗号“,”
            target:'_blank'      //链接在新窗口打开
            //后面没有数据，则这里定义完毕后面不需要跟上逗号“,”
        }
    }) //Vue.js的代码块-结束
    </script>

</body>
</html>
```

效果如图 3-14 所示。

图 3-14   a 标签页面初始化效果图

3.1.8   在图片中使用

网页中图片标签 img 常用的属性是 srct，我们可以通过 v-bind: 指令将对应的属性绑定到 Vue.js 中 data 属性的值。

我们接下来做一个实例：在 Vue.js 中 img 标签使用 v-bind: 指令。具体步骤如下：

1）在 Vue.js 的 data 区域定义变量 tupiandizhi（图片地址）。

2）在 img 标签，使用 v-bind:src="tupiandizhi" 绑定图片地址。

完整示例代码如下：

```
<!DOCTYPE html>
<html>
<head>
    <meta charset="utf-8">
    <title>双向数据绑定v-model指令（图片img）</title>
    <!--加载本地vue.js的框架-->
    <script src="vue2.2.2.min.js"></script>
</head>
<body>
    <!--定义div代码块的id的值，这里定义的值为app，后面Vue会使用该值-->
    <div id="app">
        <!--加载一个图片，图片的地址通过参数传递-->
        <img v-bind:src="tupiandizhi" width="50"></img><br>
    </div>

    <script>
    //下面是Vue.js的代码块-开始
    new Vue({
        el: '#app',//app为前面div代码块的id的值，通过"#"绑定
        //data区域定义属性的值
        data: {
            tupiandizhi:'img/v.png'//定义图片地址
            //后面没有数据，则这里定义完毕后面不需要跟上逗号","
        }
    }) //Vue.js的代码块-结束
    </script>
</body>
</html>
```

效果如图 3-15 所示。

图 3-15　img 标签页面初始化效果图

3.2　Vue.js 过滤器的使用

1. 基础用法

Vue.js 允许开发者自定义过滤器，用于常见的文本格式化，由"管道符"指示，格式如下：

```
<!-- 在两个大括号中 -->
{{ message | capitalize }}
<!-- 在 v-bind 指令中 -->
<div v-bind:id="rawId | formatId"></div>
```

过滤器函数接收表达式的值作为第一个参数。

以下实例将输入字符串的第一个字母转为大写。

具体步骤如下：

1）在 Vue.js 的 data 区域定义一个变量 message，值是小写的拼音 huangjuhua。

2）在过滤器 filters 代码块中，自定义大写方法 capitalize，该方法将输入字符串的首字母转为大写。

3）普通显示 {{ message }}。

4）调用过滤器函数 capitalize，如 {{ message | capitalize }}。

完整示例代码如下：

```
<!DOCTYPE html>
<html>
<head>
    <meta charset="utf-8">
    <title>Vue.js中过滤器的使用</title>
    <!--加载本地vue.js的框架-->
    <script src="vue2.2.2.min.js"></script>
</head>
<body>
    <!--定义div代码块的id的值，这里定义的值为app，后面Vue会使用该值-->
    <div id="app">
        原始字符串：{{ message }}<br>
        <!--使用过滤器capitalize将首字母大写-->
        过滤后的字符串：{{ message | capitalize }}
    </div>

    <script>
    //下面是Vue.js的代码块-开始
    new Vue({
        el: '#app',//app为前面div代码块的id的值，通过"#"绑定
        //data区域定义属性的值
        data: {
            message: 'huangjuhua'
            //后面没有数据，则这里定义完毕后面不需要跟上逗号","
        },
        //下面是过滤器
        filters: {
            //自定义过滤器的处理函数
            capitalize: function (value) {
                if (!value) return ''
```

```
                value = value.toString()
                //返回处理后的字符串
                return value.charAt(0).toUpperCase() + value.slice(1)
            }
        }
    }))//Vue.js的代码块-结束
    </script>
</body>
</html>
```

效果如图 3-16 所示。

图 3-16　使用过滤器的页面效果图

2. 过滤器串联

我们可以同时使用多个过滤器，多个过滤器通过 "1" 关联在一起。

代码格式如下：

```
{{ message | filterA | filterB }}
```

过滤器是 JavaScript 函数，因此可以接收参数：

```
{{ message | filterA('arg1', arg2) }}
```

其中，message 是第一个参数；字符串 'arg1' 将传给过滤器作为第二个参数；arg2 表达式将被求值，然后传给过滤器作为第三个参数。

3.3　Vue.js 获取表单要提交的数据

在 Vue.js 中，表单提交形式如下：

```
<form @submit.prevent="submit">
```

引号中的 submit 是我们定义的处理提交的方法，通过 this 指向当前单表。示例代码如下：

```
<div class="hello">
    <ul>
        <form @submit.prevent="submit">
            <input type="text" name="name" v-model="inputtext.name">
            <input type="password" name="password" v-model="inputtext.password">
```

```
            <input type="submit" value="提交">
        </form>
    </ul>
</div>
    <script>
        var vm = new Vue({
            el: '.hello',
            data: {
                inputtext:{}
            },
            methods: {
                submit: function() {
                    console.log(this.inputtext);
                    console.log(this.inputtext.name);
                }
            },
        })
    </script>
```

3.4　v-model 指令的修饰符

除了常规用法，这些指令也支持特殊方式绑定方法，以修饰符的方式实现。通常都是在指令后面用小数点"."连接修饰符名称，用于指出一个指令应该以特殊方式绑定。例如，.prevent 修饰符告诉 v-on 指令对于触发的事件调用 event.preventDefault()。

v-model 指令的修饰符如下：

❑ v-model.lazy：只有在 input 输入框发生一个 blur 事件时才触发。

❑ v-model.number：将用户输入的字符串转换成数字。

❑ v-model.trim：将用户输入的前后空格去掉。

1. v-model.lazy：取代 input 监听 change 事件

在默认情况下，v-model 在每次 input 事件触发后将输入框的值与数据进行同步（除了上述输入法组合文字时）。你可以添加 lazy 修饰符，从而转变为使用 change 事件进行同步，示例代码如下：

```
<!-- 在change时而非input时更新 -->
<input v-model.lazy="msg" >
```

2. v-model.number：输入字符串转为数字

如果想自动将用户的输入值转为数值类型，可以给 v-model 添加 number 修饰符，示例代码如下：

```
<input v-model.number="age" type="number">
<!--这通常很有用，因为即使在 type="number" 时，HTML 输入元素的值也总会返回字符串-->
<!--主要用于限制用户输入的时候只能是数字-->
```

3. v-model.trim：输入首尾空格过滤

如果要自动过滤用户输入的首尾空白字符（空格），可以给 v-model 添加 trim 修饰符，示例代码如下：

```
<!-- trim 修饰符-->
<input v-model.trim="msg">
```

Chapter 4 第 4 章

条件和循环指令

Vue 中，我们可以使用 v-if 和 v-show 来控制元素或模板的渲染。而 v-if 和 v-show 也属于 Vue 的内部常用的指令。这里所说的指令指带有前缀 v- 的命令，指令的值限定为绑定表达式，指令的职责是当表达式的值改变时把某些特殊的行为应用到 DOM 上。

这一章我们主要讲解 v-if 指令、v-show 指令和 v-for 指令。

4.1 v-if 指令

看到 v-if 你肯定会想到 JavaScript 中的 if else 条件判断语句，进而你会想是不是还有 v-else 指令。没错，Vue 不仅给我们提供了 v-else 指令，还提供了 v-else-if 指令。

既然这样，我们就很好理解 v-if 指令了，就是根据表达式的值是真（true）还是假（false）来重建或者销毁一个我们绑定的 DOM 元素。

4.1.1 使用 v-if 指令

本节介绍使用 v-if 指令进行条件判断。下面的示例中，v-if 指令将根据表达式 xianshi 的值（true 或 false）来决定是否插入 p 元素。具体步骤如下：

1）在 Vue.js 的 data 区域定义布尔型变量 xianshi（值为 true）、布尔型变量 buxianshi（值为 false）、布尔型变量 ok（值为 true）。

2）v-if 和变量 xianshi 的使用：

```
<p v-if="xianshi">这里的内容会显示出来</p>
```

3）v-if 和变量 buxianshi 的使用：

```
<p v-if="buxianshi">这里的内容会不会显示出来，在浏览器中看不到</p>
```

4）v-if 和变量 ok 的使用：

```
<template v-if="ok">
    <h1>Vue入门到精通</h1>
    <p>黄菊华老师主讲！</p>
</template>
```

完整示例代码如下：

```
<!DOCTYPE html>
<html>
<head>
    <meta charset="utf-8">
    <title>条件判断语句 v-if 指令</title>
    <!--加载本地vue.js的框架-->
    <script src="vue2.2.2.min.js"></script>
</head>
<body>
    <!--定义div代码块的id的值，这里定义的值为app，后面Vue会使用该值-->
    <div id="app">

    <!--属性xianshi的值为true，则下面段落内容会显示在浏览器-->
        <p v-if="xianshi">这里的内容会显示出来</p>

    <!--属性buxianshi的值为false，则下面段落内容不会显示在浏览器-->
    <p v-if="buxianshi">这里的内容不会显示出来，在浏览器中看不到</p>

    <!--属性ok的值为true，则下面模板内容会显示在浏览器中-->
        <template v-if="ok">
            <h1>Vue入门到精通</h1>
            <p>黄菊华老师主讲！</p>
        </template>
    </div>

    <script>
    //下面是Vue.js的代码块-开始
    new Vue({
        el: '#app',//app为前面div代码块的id的值，通过"#"绑定
        //data区域定义属性的值
        data: {
            xianshi: true,//定义布尔型的值
            buxianshi:false,//定义布尔型的值
            ok: true
            //后面没有数据，则这里定义完毕后面不需要跟上逗号","
        }
    })//Vue.js的代码块-结束
    </script>
</body>
</html>
```

效果如图 4-1 所示。

图 4-1 v-if 指令

4.1.2 使用 v-else 指令

可以用 v-else 指令给 v-if 添加一个 else 块。

下面我们做一个示例：随机生成一个数字，判断是否大于 0.5，然后输出对应信息。具体步骤如下：

1）在 data 代码块中定义一个变量 shuzhi=1。

2）在 html 视图部分，结合随机函数 Math.random() 与数字 0.5 进行大小对比。

完整示例代码如下：

```
<!DOCTYPE html>
<html>
<head>
    <meta charset="utf-8">
    <title>条件判断语句v-else 指令</title>
    <!--加载本地vue.js的框架-->
    <script src="vue2.2.2.min.js"></script>
</head>
<body>
    <!--定义div代码块的id的值，这里定义的值为app，后面Vue会使用该值-->
    <div id="app">

        <!--if指令后面为true执行的代码块-开始-->
        <div v-if="Math.random() > 0.5">
            随机数 大于 0.5
        </div>
        <!--if指令后面为true执行的代码块-结束-->

        <!--if指令后面为false执行的代码块-开始-->
        <div v-else>
            随机数 小于 0.5
        </div>
        <!--if指令后面为false执行的代码块-结束-->

        <hr>
        <div v-if="shuzhi > 3">数字 大于 3</div>
```

```
        <div v-else>数字  小于  3</div>

    </div>

    <script>
    //下面是Vue.js的代码块-开始
    new Vue({
        el: '#app',//app为前面div代码块的id的值,通过"#"绑定
        data:{
            shuzhi:1 //定义一个数字属性
            //后面没有数据,则这里定义完毕后面不需要跟上逗号","
        }
    })//Vue.js的代码块-结束
    </script>
</body>
</html>
```

效果如图 4-2 所示。

图 4-2　v-else 指令

4.1.3　使用 v-else-if 指令

v-else-if 是 2.1.0 版新增的指令，顾名思义，用作 v-if 的 else-if 块。可以链式地多次使用。

下面我们做一个示例：在 data 代码块中定义一个字符变量 type（值为 G），在 html 视图中通过 v-if、v-else-if、v-else 来判断和显示对应的内容。

完整示例代码如下：

```
<!DOCTYPE html>
<html>
<head>
    <meta charset="utf-8">
    <title>条件判断语句v-else-if 指令</title>
    <!--加载本地vue.js的框架-->
    <script src="vue2.2.2.min.js"></script>
</head>
<body>
    <!--定义div代码块的id的值,这里定义的值为app,后面Vue会使用该值-->
    <div id="app">
```

```
<!--下面为if指令后面为true时执行的代码块-开始-->
<div v-if="type==='A'">A</div>

<!--下面为else-if指令为true时执行的代码块-->
<div v-else-if="type==='B'">B</div>

<!--下面为else-if指令为true时执行的代码块-->
<div v-else-if="type==='C'">C</div>

<!--下面为（else指令）上面条件都不满足执行的代码块-->
<div v-else>不是字母ABC</div>
</div>

<script>
//下面是Vue.js的代码块-开始
new Vue({
    el: '#app',//app为前面div代码块的id的值，通过"#"绑定
    data:{
        type:'G' //定义一个字符
        //后面没有数据，则这里定义完毕，后面不需要跟上逗号","
    }
})//Vue.js的代码块-结束
</script>
</body>
</html>
```

提
示　v-else 、v-else-if 必须跟在 v-if 或者 v-else-if 之后。

效果如图 4-3 所示。

图 4-3　v-else-if 指令

4.2　v-show 指令

v-show 指令通过改变元素的 css 属性（display）来决定元素是显示还是隐藏。

4.2.1　v-show 指令的用法

v-show 指令主要用来决定它所在区块显示与否。

通用语法如下：

v-show = "布尔值true或false"

其中，true 表示所在区块显示，false 表示不显示。

在下面的示例中，我们定义不同的变量值，然后根据变量的值来确认是显示还是隐藏。

具体步骤如下:

1)在 Vue.js 的 data 区域定义布尔型变量 xianshi1(值为 true)、布尔型变量 xianshi2(值为 false)。

2)在 html 视图中,使用 v-show 结合变量 xianshi1(设置变量的值为 true)来使用:

```
<div v-show="xianshi1" id="id01">show=true</div>
```

3)在 html 视图中,使用 v-show 结合变量 xianshi2(设置变量的值为 false)来使用:

```
<div v-show="xianshi2" id="id02">show=false</div>
```

完整示例代码如下:

```
<!DOCTYPE html>
<html>
<head>
    <meta charset="utf-8">
    <title>Vue.js中v-show指令</title>
    <!--加载本地vue.js的框架-->
    <script src="vue2.2.2.min.js"></script>
</head>
<body>
    <!--定义div代码块的id的值,这里定义的值为app,后面Vue会使用该值-->
    <div id="app">

        <!--属性xianshi1的值为true,则下面段落的内容会显示在浏览器中-->
        <div v-show="xianshi1" id="id01">show=true</div>

        <!--属性xianshi2的值为false,则下面段落的内容不会显示在浏览器中-->
        <div v-show="xianshi2" id="id02">show=false</div>

    </div>

    <script>
    //下面是Vue.js的代码块-开始
    new Vue({
        el: '#app',//app为前面div代码块的id的值,通过"#"绑定
        //data区域定义属性的值
        data: {
            xianshi1:true, //定义布尔型值
            xianshi2:false //定义布尔型值
            //后面没有数据,则这里定义完毕,后面不需要跟上逗号","
        }
    }))//Vue.js的代码块-结束
    </script>

</body>
</html>
```

效果如图 4-4 所示。

图 4-4 v-show 指令

4.2.2 v-show 指令和 v-if 指令的区别

v-show 仅是隐藏 / 显示，值为 false 时，该元素依旧存在于 DOM 树中。若其原有样式设置了 display: none，则会导致其无法正常显示。

v-if 是动态添加，当值为 false 时，完全移除该元素，即 DOM 树中不存在该元素。

下面我们做一个示例：使用 v-show 的代码块，不管 v-show 后面的值是 true 还是 false，在 DOM 树中都能读取对应的信息；使用 v-if 的代码块，如果 v-if 后面的值是 true，则可以读取对应的信息；如果 v-if 后面的值是 false，因为不存在了，则读取不到。

完整示例代码如下：

```
<!DOCTYPE html>
<html>
<head>
    <meta charset="utf-8">
    <title>Vue.js中v-show指令和v-if指令的区别</title>
    <!--加载本地vue.js的框架-->
    <script src="vue2.2.2.min.js"></script>
</head>
<body>
    <!--定义div代码块的id的值，这里定义的值为app，后面Vue会使用该值-->
    <div id="app">
        <!--属性xianshi1的值为true，则下面段落的内容会显示在浏览器中-->
        <div v-show="xianshi1" id="id01">show=true</div>
        <!--属性xianshi2的值为false，则下面段落的内容不会显示在浏览器中-->
        <div v-show="xianshi2" id="id02">show=false</div>
        <button onClick="my01()">第1个按钮：读取show的Dom内容</button>

        <!--属性xianshi1的值为true，则下面段落的内容会显示在浏览器中-->
        <div v-if="xianshi1" id="id03">if=true</div>
        <!--属性xianshi2的值为false，则下面段落的内容不会显示在浏览器-->
        <div v-if="xianshi2" id="id04">if=false</div>
        <button onClick="my02()">第2个按钮：读取if的Dom内容</button>
    </div>

<script>
//下面是Vue.js的代码块-开始
new Vue({
    el: '#app',//app为前面div代码块的id的值，通过"#"绑定
```

```
        //data区域定义属性的值
        data: {
            xianshi1:true, //定义布尔型值
            xianshi2:false //定义布尔型值
            //后面没有数据,则这里定义完毕,后面不需要跟上逗号","
        }
})//Vue.js的代码块-结束

function my01(){
    var tmp= "";
    tmp = tmp + "id01内容: " + document.getElementById("id01").innerHTML;
    tmp = tmp + "| id02内容: " + document.getElementById("id02").innerHTML;
    //弹出标签的内容
    alert(tmp);
}
function my02(){
    //弹出标签的内容
    alert("id03内容: " + document.getElementById("id03").innerHTML)
    //判断id为id04的标签是否存在
    if(document.getElementById("id04")){
    }else{
        //标签不存在
        alert("id为'id04'的标签不存在");
    }
}
</script>

</body>
</html>
```

效果如图 4-5 ～ 图 4-8 所示。

图 4-5　页面运行默认效果图

图 4-6　读取 id="id01" 和 id="id02" 的值

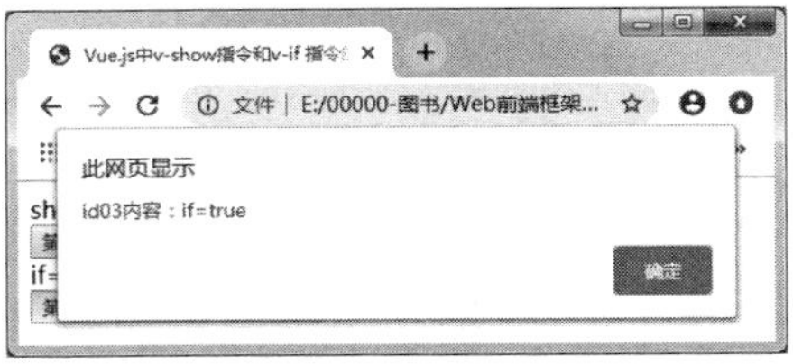

图 4-7 读取 id="id03" 的值

图 4-8 读取 id="id04" 的值

4.3 v-for 指令

v-for 指令可以用来遍历数组 / 对象，可以根据 data 中的数据动态刷新视图。

> 注意 使用 v-for 渲染数据的时候，一定要记得将 key 属性加上去，并且要保证这个 key 的值是唯一并且不重复的，它的作用就是唯一标识数据的每一项，提高渲染性能。

4.3.1 基础语法

1. 遍历数组

使用方式 1：

```
v-for="item in arr"
```

其中，item 是一个参数，表示数组中的每一项；arr 也是一个参数，表示要遍历的数组。

使用方式 2：

```
v-for="(item, index) in arr"
```

其中，index 表示数组项的索引。

2. 遍历对象

使用方式 1：

```
v-for="value in obj"
```

其中，value 表示对象的属性的值；obj 表示需要遍历的对象。

使用方式 2：

```
v-for="(value, key, index) in obj"
```

其中，key 表示对象的键；index 表示这个对象属性的索引，类似上面数组的 index。

> **注意** 下面两种方式不能动态刷新视图：
> - ❑ 使用数组的 length 属性去更改数组的时候不行。
> - ❑ 使用索引的方式去更改数组也不行。

解决方法：
- ❑ Vue.set(arr, index, value) 方法。arr 表示需要设置的数组，index 表示数组索引，value 表示该索引项的新的值，例如：Vue.set(vm.list, 0, {id: 111, name: 'jack'})。
- ❑ 直接调用数组的 splice() 方法。

4.3.2　简易数组的使用

循环使用 v-for 指令。v-for 指令需要用到 site in sites 形式的特殊语法，关键词 site、in、sites 之间至少需要有一个空格隔开，其中，sites 是源数据数组，site 是数组元素迭代的别名。v-for 可以绑定数据到数组来渲染一个列表。有两种数组的使用方法：

第一种，在 for 循环中直接写入数组，直接循环显示：

```
<li v-for="x in [1,3,5,7]">{{x}}</li>
```

第二种，在 data 中定义数组 "shuzu"，然后在 for 循环中显示：

```
<li v-for="y in shuzu">{{y}}</li>
```

完整示例代码如下：

```
<!DOCTYPE html>
<html>
<head>
    <meta charset="utf-8">
    <title>Vue.js中 v-for 循环指令-简易数组的使用</title>
    <!--加载本地vue.js的框架-->
    <script src="vue2.2.2.min.js"></script>
</head>
<body>
    <!--定义div代码块的id的值，这里定义的值为app，后面Vue会使用该值-->
    <div id="app">
        <ul>
```

```
    <!--循环显示数字数组-->
    <li v-for="x in [1,3,5,7]">{{x}}</li>
    </ul>

    <ul>
    <!--循环显示字符数组shuzu的内容-->
    <li v-for="y in shuzu">{{y}}</li>
    </ul>
</div>

<script>
new Vue({
    el: '#app',//app为前面div代码块的id的值,通过"#"绑定
    //data区域定义属性的值
    data: {
        shuzu:["香蕉","苹果","西瓜"]//定义数组
        //后面没有数据,则这里定义完毕,后面不需要跟上逗号","
    }
})
</script>
</body>
</html>
```

效果如图 4-9 所示。

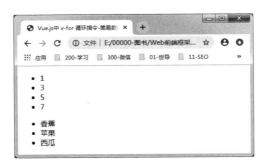

图 4-9　v-for 指令中简易数组的使用

4.3.3　在模板中的使用

在模板 template 中如何使用数组和循环显示？我们下面做了一个示例：在 data 代码块中定义一个数组 shuzu；在 html 视图区域使用 v-for="neirong in shuzu" 模式来显示，neirong 代表数组中的每个元素。

完整示例代码如下：

```
<!DOCTYPE html>
<html>
```

```
<head>
    <meta charset="utf-8">
    <title>模板中使用 v-for</title>
    <!--加载本地vue.js的框架-->
    <script src="vue2.2.2.min.js"></script>
</head>
<body>
    <!--定义div代码块的id的值，这里定义的值为app，后面Vue会使用该值-->
    <div id="app">
        <ul>
            <!--模板中循环显示字符数组shuzu的内容-->
            <template v-for="neirong in shuzu">
                <li>{{ neirong }}</li>
                <li>--------------</li>
            </template>
        </ul>
    </div>

    <script>
    new Vue({
        el: '#app',//app为前面div代码块的id的值，通过"#"绑定
        //data区域定义属性的值
        data: {
            shuzu:["香蕉","苹果","西瓜"]//定义数组
            //后面没有数据，则这里定义完毕，后面不需要跟上逗号","
        }
    })
    </script>
</body>
</html>
```

效果如图 4-10 所示。

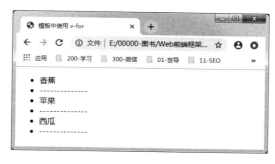

图 4-10　v-for 指令中模板的使用

4.3.4　对象的迭代显示

v-for 可以通过一个对象的属性来迭代数据。核心语句如下：

```
div v-for="别名 in 对象"
```

我们下面做一个示例：在 data 代码块中定义一个对象 duixiang01，该对象有 3 个属性
biaoti、xingming、quyu；在 html 视图区域使用 v-for="neirong in duixiang01" 来循环显示，
neirong 代表对象中的每个元素。

完整示例代码如下：

```
<!DOCTYPE html>
<html>
<head>
    <meta charset="utf-8">
    <title>Vue.js中 v-for 循环指令-对象的迭代显示</title>
    <!--加载本地vue.js的框架-->
    <script src="vue2.2.2.min.js"></script>
</head>
<body>
    <!--定义div代码块的id的值，这里定义的值为app，后面Vue会使用该值-->
    <div id="app">
    <!--for语句循环显示对象里面的内容-->
        <div v-for="neirong in duixiang01">
        {{neirong}}
        <!--变量neirong在上面for语句中定义，上面怎么定义，这里就怎么显示-->
        </div>
    </div>

    <script>
    new Vue({
        el: '#app',//app为前面div代码块的id的值，通过"#"绑定
        //data区域定义属性的值
        data: {
            //自定义一个对象，对象名:duixiang01
            duixiang01:{
                biaoti:"Vue教程",//对象内的元素，以键值对"key:value"的形式存在
                xingming:"黄菊华老师",//对象内的元素，以键值对"key:value"的形式存在
                quyu:"浙江杭州"//对象内的元素，以键值对"key:value"的形式存在
            }
            //后面没有数据，则这里定义完毕，后面不需要跟上逗号","
        }
    })
    </script>
</body>
</html>
```

效果如图 4-11 所示。

图 4-11　v-for 指令实现对象的迭代显示

4.3.5 对象的迭代显示：提供第二个参数为键名

可以提供第二个参数为键名，我们定义了一个对象 duixiang01。核心语法如下：

```
v-for="(value, key) in duixiang01"
```

其中，value 和 key 定义了对象的某个元素的键值和键。

我们接下来做一个示例：定义一个对象，循环显示对象的 key 和 value。具体步骤如下。

1）在 Vue.js 的 data 区域定义一个变量 duixiang01，包含 3 个键值对。示例代码如下：

```
duixiang01:{
    biaoti:"Vue教程",
    xingming:"黄菊华老师",
    quyu:"浙江杭州"
}
```

2）在 html 视图，使用 v-for="(value, key) in duixiang01" 来显示，value 代表每个对象元素的值（比如 Vue 教程），key 代表每个对象元素的键（比如 biaoti）。

完整示例代码如下：

```
<!DOCTYPE html>
<html>
<head>
    <meta charset="utf-8">
    <title>Vue.js中 v-for 循环指令-对象的迭代显示：提供第二个的参数为键名</title>
    <!--加载本地vue.js的框架-->
    <script src="vue2.2.2.min.js"></script>
</head>
<body>
    <!--定义div代码块的id的值，这里定义的值为app，后面Vue会使用该值-->
    <div id="app">
        <!--for语句循环显示对象里面的内容-->
        <div v-for="neirong in duixiang01">
        {{neirong}}
        <!--变量neirong是在上面for语句中定义，上面怎么定义这里就怎么显示-->
        </div>

        <ul>
            <!--for语句循环显示对象里面的内容-->
            <!--value表示对象每个元素的键值，也就是对象里面的冒号 "：" 后面的内容-->
            <!--key表示对象每个元素的键名，也就是对象里面的冒号 "：" 前面的内容-->
            <li v-for="(value, key) in duixiang01">
            {{ key }} : {{ value }}
            <!--key和value可以用其他变量名称代替-->
            </li>
        </ul>

    </div>
```

```
    <script>
    new Vue({
        el: '#app',//app为前面div代码块的id的值，通过"#"绑定
        //data区域定义属性的值
        data: {
            //自定义一个对象，对象名为duixiang01
            duixiang01:{
            biaoti:"Vue教程",//对象内的元素，以键值对"key:value"的形式存在
            xingming:"黄菊华老师",//对象内的元素，以键值对"key:value"的形式存在
            quyu:"浙江杭州"//对象内的元素，以键值对"key:value"的形式存在
            }
            //后面没有数据，则这里定义完毕，后面不需要跟上逗号","
        }
    })
    </script>
</body>
</html>
```

效果如图 4-12 所示。

图 4-12   v-for 指令实现对象的迭代显示（提供第二个参数为键名）

4.3.6 对象的迭代显示：提供第三个参数为索引

可以提供第三个参数为索引。核心语法如下：

```
v-for="(value, key, index) in duixiang01"
```

其中，value 和 key 定义了对象的某个元素的键值和键；index 表示对象中元素的序号，index 和数组的下标均是从 0 开始。

我们接下来做一个示例：定义一个对象，循环显示对象的 key、value、index。具体步骤如下。

1）在 Vue.js 的 data 区域定义一个变量 duixiang01，包含 3 个键值对。代码如下：

```
duixiang01:{
    biaoti:"Vue教程",
    xingming:"黄菊华老师",
    quyu:"浙江杭州"
}
```

2）在 html 视图，使用 v-for="(value, key, index) in duixiang01" 来显示，value 代表每个对象元素的值（比如 Vue 教程），key 代表每个对象元素的键（比如 biaoti），index 代表每个元素对应的下标（比如 biaoti:"Vue 教程 " 对应的下标是 0）。

完整示例代码如下：

```
<!DOCTYPE html>
<html>
<head>
    <meta charset="utf-8">
    <title>Vue.js中 v-for 循环指令-对象的迭代显示：第三个参数为索引</title>
    <!--加载本地vue.js的框架-->
    <script src="vue2.2.2.min.js"></script>
</head>
<body>

<!--定义div代码块的id的值，这里定义的值为app，后面Vue会使用该值-->
<div id="app">
    <!--for语句循环显示对象里面的内容-->
    <div v-for="neirong in duixiang01">
        {{neirong}}
        <!--变量neirong是在上面for语句中定义，上面怎么定义，这里就怎么显示-->
    </div>

    <ul>
        <!--for语句循环显示对象里面的内容-->
        <!--value表示对象每个元素的键值，也就是对象里面的冒号“：”后面的内容-->
        <!--key表示对象每个元素的键名，也就是对象里面的冒号“：”前面的内容-->
        <!--(value, key)这里的顺序是不变的，先是键值然后是键名称，变量名可以自己定义-->
        <li v-for="(value, key) in duixiang01">
        {{ key }} : {{ value }}
        <!--key和value可以用其他变量名代替-->
        </li>
    </ul>
    <hr>
    <ul>
        <!--for语句循环显示对象里面的内容-->
        <!--value表示对象每个元素的键值，也就是对象里面的冒号“：”后面的内容-->
        <!--key表示对象每个元素的键名，也就是对象里面的冒号“：”前面的内容-->
        <!--index表示对象每个元素的索引，从0开始-->
        <!--(value, key, index)这里的顺序是不变的，先是键值，然后是键名称，最后是索引，变
            量名可以自己定义-->
        <li v-for="(value, key, index) in duixiang01">
        {{ index }}. {{ key }} : {{ value }}
        <!--key、value、index，这里你可以自行用其他变量名称代替-->
        </li>
    </ul>

</div>
```

```
<script>
new Vue({
    el: '#app',//app为前面div代码块的id的值，通过"#"绑定
    //data区域定义属性的值
    data: {
        //自定义一个对象，对象名:duixiang01
        duixiang01:{
            biaoti:"Vue教程",//对象内的元素，以键值对"key:value"的形式存在
            xingming:"黄菊华老师",//对象内的元素，以键值对"key:value"的形式存在
            quyu:"浙江杭州"//对象内的元素，以键值对"key:value"的形式存在
        }
        //后面没有数据，则这里定义完毕，后面不需要跟上逗号","
    }
})
</script>

</body>
</html>
```

效果如图 4-13 所示。

图 4-13　v-for 指令实现对象的迭代显示（提供第三个参数为索引）

4.3.7　循环显示整数

v-for 也可以循环整数，与使用简易数组的方式 v-for="item in arr" 类似。核心语法如下：

```
v-for="n in 10"
```

其中，整数 10 也可以是一个变量。

我们下面做一个示例：通过代码 v-for="n in 10" 循环显示从 1 到 10 的整数，默认整数从 1 开始。

完整示例代码如下：

```
<!DOCTYPE html>
<html>
```

```
<head>
    <meta charset="utf-8">
    <title>Vue.js中 v-for 循环指令-循环显示整数</title>
    <!--加载本地vue.js的框架-->
    <script src="vue2.2.2.min.js"></script>
</head>
<body>
    <!--定义div代码块的id的值,这里定义的值为app,后面Vue会使用该值-->
    <div id="app">
        <ul>
            <!--for循环显示证书-->
            <li v-for="n in 10"><!--这里定义显示的变量为n,下面显示就用这个变量-->
                {{ n }}<!--显示内容-->
            </li>
        </ul>
    </div>

    <script>
    new Vue({
        el: '#app',//app为前面div代码块的id的值,通过"#"绑定
        //data区域定义属性的值
    })
    </script>
</body>
</html>
```

效果如图 4-14 所示。

图 4-14 用 v-for 指令循环显示整数

4.3.8 九九乘法表

通过循环嵌套来显示九九乘法表,外层循环为 v-for="y in 9",内层循环为 v-for="z in y",其中 z 和 y 都是变量,y 是外层中的变量。

我们下面做一个示例:通过嵌套循环实现九九乘法表。

完整示例代码如下:

```html
<!DOCTYPE html>
<html>
<head>
    <meta charset="utf-8">
    <title>Vue.js中 v-for 循环指令-九九乘法表</title>
    <!--加载本地vue.js的框架-->
    <script src="vue2.2.2.min.js"></script>
</head>
<body>
    <!--定义div代码块的id的值，这里定义的值为app，后面Vue会使用该值-->
    <div id="app">
        <!--外层循环-开始-->
        <div v-for="y in 9">
            <!--内层循环-开始-->
            <b v-for="z in y">
                {{y}}*{{z}}={{y*z}} |
            </b>
            <!--内层循环-结束-->
        </div>
        <!--外层循环-结束-->
    </div>

    <script>
    new Vue({
        el: '#app',//app为前面div代码块的id的值，通过"#"绑定
        //data区域定义属性的值
    })
    </script>
</body>
</html>
```

效果如图 4-15 所示。

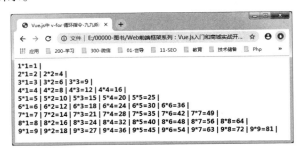

图 4-15 用 v-for 指令实现九九乘法表

4.3.9 对属性进行升序排序

在迭代属性输出之前，v-for 会对属性进行升序排序输出；这里的升序是针对对象的 key（而不是 value）来排列的。

我们下面做一个实例：在 data 代码块中定义一个对象 duixiang01，内容如下。

```
duixiang01:{
    2:"2: JavaScript教程",
    1:"1: css教程",
    0:"0: html教程"
}
```

可以看到，对象 key 的顺序是 2，1，0；通过 v-for="neirong in duixiang01" 循环显示时，会按 0，1，2 的顺序来显示。

完整示例代码如下：

```
<!DOCTYPE html>
<html>
<head>
    <meta charset="utf-8">
    <title>v-for会对属性进行升序排序</title>
    <!--加载本地vue.js的框架-->
    <script src="vue2.2.2.min.js"></script>
</head>
<body>
    <!--定义div代码块的id的值，这里定义的值为app，后面Vue会使用该值-->
    <div id="app">
    <!--for语句循环显示对象里面的内容-->
    <!--在迭代属性输出的之前，v-for会对属性进行升序排序输出-->
    <div v-for="neirong in duixiang01">
        {{neirong}}
        <!--变量neirong是在上面for的语句中定义，上面怎么定义这里就怎么显示-->
    </div>
    </div>

    <script>
    new Vue({
        el: '#app',//app为前面div代码块的id的值，通过“#”绑定
        //data区域定义属性的值
        data: {
            //自定义一个对象，对象名:duixiang01
            duixiang01:{
                2:"2: JavaScript教程",//对象内的元素，以键值对"key:value"的形式存在
                1:"1: css教程",//对象内的元素，以键值对"key:value"的形式存在
                0:"0: html教程"//对象内的元素，以键值对"key:value"的形式存在
            }
            //后面没有数据，则这里定义完毕，后面不需要跟上逗号“，”
        }
    })
    </script>
</body>
</html>
```

效果如图 4-16 所示。

图 4-16   用 v-for 指令对属性进行升序排序

4.3.10　对象数组的内容显示

可以使用 v-for 指令和点号"."显示对象内的内容。

下面的示例中我们定义了一个产品数组 chanpins，里面包含了 3 个产品的数据，即产品的名称、价格和 ID，通过 for 循环和点号"."显示所有产品的信息。具体步骤如下：

1）在 Vue.js 的 data 区域定义数组变量 chanpins，同时给它一个初始值。

2）在 html 视图区域，通过 v-for="cp in chanpins" 来循环显示产品数据。

3）cp 代表数组的一个元素，这里是一个对象，代表产品的名称、价格和 ID，对象内的值通过点号"."加上属性名称来访问，比如 cp.mc、cp.jiage、cp.cpid。

完整示例代码如下：

```
<!DOCTYPE html>
<html>
<head>
    <meta charset="utf-8">
    <title>Vue.js中 v-for 循环指令-对象数组的内容显示</title>
    <!--加载本地vue.js的框架-->
    <script src="vue2.2.2.min.js"></script>
</head>
<body>

<!--定义div代码块的id的值，这里定义的值为app，后面Vue会使用该值-->
<div id="app">
    <!--for语句循环显示产品数组里面的内容-->
    <div v-for="cp in chanpins">
        <!--cp代表产品对象数组的每个元素，每个元素是一个对象，包含产品名称、价格、ID-->
        产品名称：{{cp.mc}}<br><!--访问对象里面的元素使用点号"."-->
        产品价格：{{cp.jiage}}<br><!--访问对象里面的元素使用点号"."-->
        产品 ID：{{cp.cpid}}<hr><!--访问对象里面的元素使用点号"."-->
    </div>
</div>

<script>
new Vue({
    el: '#app',//app为前面div代码块的id的值，通过"#"绑定
    //data区域定义属性的值
```

```
    data: {
        //定义数组（对象数组：数组里面的每个元素都是一个对象），数组名:chanpins
        chanpins:[
            {mc:"产品名称01",jiage:"88.00",cpid:1},
            {mc:"产品名称02",jiage:"105.00",cpid:2},
            {mc:"产品名称03",jiage:"166.00",cpid:3}
        ]
        //后面没有数据，则这里定义完毕，后面不需要跟上逗号","
    }
})
</script>

</body>
</html>
```

效果如图 4-17 所示。

图 4-17　用 v-for 指令显示对象数组的内容

4.3.11　v-for 循环指令的嵌套

下面的示例中定义了一个包含对象的对象（对象嵌套），在循环显示对象中的每个元素时，判断元素是否是对象，如果是对象，再对该对象元素进行循环。具体步骤如下。

1）在 Vue.js 的 data 区域定义嵌套的对象 duixiang01，该对象的最后一个值的内容也是一个对象。代码如下：

```
duixiang01:{
    xingming:"黄菊华老师",
    quyu:"浙江杭州",
    kecheng:{k1:"Vue入门课",k2:"Vue商城实战课"} //嵌套的对象
}
```

2）显示第一层循环，代码如下：

```
v-for="(v,k,i) in duixiang01"
```

其中，v 代表 value，k 代表 key，i 代表 index。

3）判断元素是否为普通的值，如果是则直接显示，代码如下：

```
<p v-if="typeof v !='object'">{{v}}</p>
```

4）如果是对象 object，则再循环显示，代码如下：

```
<ul v-if="typeof v=='object'">
    <!--循环显示对象-内层循环-->
    <li v-for="(v1,k1,i1) in v">
        {{v1}}
    </li>
</ul>
```

完整的示例代码如下：

```
<!DOCTYPE html>
<html>
<head>
    <meta charset="utf-8">
    <title>如何使用for循环和if语句处理对象中的嵌套对象</title>
    <!--加载本地vue.js的框架-->
    <script src="vue2.2.2.min.js"></script>
</head>
<body>

<!--定义div代码块的id的值，这里定义的值为app，后面Vue会使用该值-->
<div id="app">
<ul>
<!--v表示对象每个元素的键值，也就是对象里面的冒号“：”后面的内容-->
<!--k表示对象每个元素的键名，也就是对象里面的冒号“：”前面的内容-->
<!--i表示对象每个元素的索引，从0开始-->
<!--(v,k,i)这里的顺序是不变的，先是键值，然后是键名称，最后是索引，变量名可以自己定义-->

<!--外层循环开始-->
<li v-for="(v,k,i) in duixiang01">
    <!--判断键值是否是对象-->
    <!--如果不是对象则直接显示-->
    <p v-if="typeof v !='object'">{{v}}</p><!--不是对象，直接显示键值-->

    <!--else后面的代码块表示是对象-->
    <p v-else>{{k}}</p> <!--是对象，不显示键值而显示键名-->

    <!--如果键值是对象，则循环显示其对象的内容-->
    <ul v-if="typeof v=='object'">
        <!--循环显示对象-内层循环-->
        <li v-for="(v1,k1,i1) in v">
            {{v1}}
        </li>
    </ul>
</li>
</ul>
</div>
```

```
<script>
new Vue({
    el: '#app',
    data: {
        //自定义一个对象，对象名:duixiang01
        duixiang01:{
        xingming:"黄菊华老师",//对象内的元素，以键值对"key:value"的形式存在
        quyu:"浙江杭州",//对象内的元素，以键值对"key:value"的形式存在
        kecheng:{k1:"Vue 入门课",k2:"Vue 商城实战课"} //嵌套的对象
        }
    }
})
</script>

</body>
</html>
```

效果如图 4-18 所示。

图 4-18 用 v-for 指令显示嵌套的对象

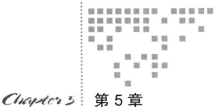

第 5 章

样 式 绑 定

Vue.js 中的 v-bind 指令在处理 class 和 style 时增强了功能，表达式的结果类型除了字符串之外，还可以是对象或数组。class 与 style 是 HTML 元素的属性，用于设置元素的样式，我们可以用 v-bind 来设置样式属性。本章将通过示例介绍 class 绑定和 style 绑定的使用方法，如属性绑定、对象绑定、数组绑定等。

5.1 绑定 class 属性

我们可以为 v-bind:class 设置一个对象，既然是对象，内容就是在 {} 里面。通过改变对象中的变量（键值）从而达到动态切换 class 的目的。基础用法如下：

```
v-bind:class="{样式名称:变量}"
```

我们做了一个示例：

1）定义一个样式 lvse_qukuai。

2）在 data 区域定义一个布尔型变量 isActive（值为 true）。

3）绑定样式 v-bind:class="{lvse_qukuai: isActive}"。

示例代码如下：

```
<!DOCTYPE html>
<html>
<head>
    <meta charset="utf-8">
    <title>Vue.js样式-class属性绑定</title>
    <!--加载本地vue.js的框架-->
```

```
        <script src="vue2.2.2.min.js"></script>
        <style>
        /*自定义一个绿色区块的样式：宽、高为100px，绿色背景*/
        .lvse_qukuai {
            width: 100px;   /*宽度*/
            height: 100px; /*高度*/
            background-color: green;/*绿色背景*/
        }
        </style>
</head>
<body>

<!--定义div代码块的id的值，这里定义的值为app，后面Vue会使用该值-->
<div id="app">
        <!--属性isActive的值（可以理解为变量）如果为true，则显示绿色的区块；否则隐藏-->
        <!--lvse_qukuai是样式的名称-->
        <div v-bind:class="{lvse_qukuai: isActive}"></div>
</div>

<script>
new Vue({
        el: '#app',
        data: {
            isActive: true
        }
})
</script>

</body>
</html>
```

效果如图 5-1 所示。

图 5-1　绑定 class 属性

我们将 isActive 设置为 true，显示了样式 lvse_qukuai 对应的内容（一个绿色的 div 块），如果设置为 false，则不显示。

 提示　这里的样式名称可以直接写 lvse_qukuai，也可以加上单引号，如 'lvse_qukuai'。变量 isActive 不能添加单引号，如果添加了会被解析为 true。

5.2 绑定多个样式

我们可以为 v-bind:class 设置一个多元素的对象来绑定多个样式。通过改变对象中每个元素的键值，从而达到动态切换多个 class 的目的。基础用法如下：

```
v-bind:class="{样式名称1:变量1, 样式名称2:变量2, 样式名称n:变量n}"
```

我们下面做一个示例：

1）定义 2 个样式——lvse_qukuai 和 cuowu。

2）在 data 区域定义 3 个布尔型变量——isActive（值为 true）、hasError（值为 true）和 noError（值为 false）。

3）绑定样式，代码如下：

```
<div v-bind:class="{lvse_qukuai: isActive,cuowu:hasError}"></div>
<div v-bind:class="{lvse_qukuai: isActive,cuowu:noError}"></div>
```

完整示例代码如下：

```
<!DOCTYPE html>
<html>
<head>
    <meta charset="utf-8">
    <title>Vue.js样式-class属性绑定多个样式</title>
    <!--加载本地vue.js的框架-->
    <script src="vue2.2.2.min.js"></script>
    <style>
        /*自定义一个绿色区块的样式：宽、高为100px，绿色背景*/
        .lvse_qukuai {
            width: 100px;  /*宽度*/
            height: 100px; /*高度*/
            background-color: green;/*绿色背景*/
        }
        .cuowu{
            background-color: red;/*红色背景*/
        }
    </style>
</head>
<body>

<!--定义div代码块的id的值，这里定义的值为app，后面Vue会使用该值-->
<div id="app">
    <!--属性isActive的值（可以理解为变量）如果为true，则显示绿色的区块；否则隐藏-->
    <!--lvse_qukuai和cuowu是样式的名称-->
    <!--属性hasError的值（可以理解为变量）为true，覆盖绿色的背景，显示红色背景-->
    <div v-bind:class="{lvse_qukuai: isActive,cuowu:hasError}"></div>
    <hr>
    <!--属性noError的值（可以理解为变量）为false，不适用cuowu的样式，也就是不发生改变，还是
        绿色背景-->
```

```
    <div v-bind:class="{lvse_qukuai: isActive,cuowu:noError}"></div>
</div>

<script>
new Vue({
    el: '#app',
    data: {
        isActive: true,
        hasError: true,
        noError: false
    }
})
</script>

</body>
</html>
```

效果如图 5-2 所示。

图 5-2　绑定多个样式

我们将 isActive 设置为 true，显示样式 lvse_qukuai 对应的内容（绿色区块）；将 hasError 设置为 true，显示样式 cuowu 对应的内容（红色区块）。

提示 同绑定 class 属性一样，这里的样式名称也可以直接写 lvse_qukuai，可以加上单引号，如 'lvse_qukuai'。变量 isActive 不能添加单引号，如果添加了，就会被解析为 true。

5.3　绑定数据里的一个对象

我们可以先定义一个样式的对象，然后直接在 v-bind:class 中设置对象的名称，即实现对数据里对象的绑定。基础用法如下：

```
v-bind:class="对象名"
```

我们下面做一个示例：

1）定义两个样式——lvse_qukuai（绿色区块）和 cuowu（红色区块）。

2）定义两个样式对象——classObject1（绿色区块）和 classObject2（红色区块）。

```
//自定义样式对象classObject1
classObject1: {
    lvse_qukuai: true,
    cuowu: true
},
//自定义样式对象classObject2
classObject2: {
    lvse_qukuai: true,
    cuowu: false
}
```

3）直接使用 v-bind:class 语法绑定样式对象。

```
<div v-bind:class="classObject1">红色背景</div>
<div v-bind:class="classObject2">绿色背景</div>
```

完整的示例代码如下：

```
<!DOCTYPE html>
<html>
<head>
    <meta charset="utf-8">
    <title>Vue.js样式-class属性绑定数据里的一个对象</title>
    <!--加载本地vue.js的框架-->
    <script src="vue2.2.2.min.js"></script>
    <style>
        /*自定义一个绿色区块的样式：宽、高为100px，绿色背景*/
        .lvse_qukuai {
            width: 100px;   /*宽度*/
            height: 100px; /*高度*/
            background-color: green;/*绿色背景*/
        }
        .cuowu{
            background-color: red;/*红色背景*/
        }
    </style>
</head>
<body>

<!--定义div代码块的id的值，这里定义的值为app，后面Vue会使用该值-->
<div id="app">
    <!--使用对象classObject1来绑定样式-->
    <!--对象里面先是显示lvse_qukuai的绿色背景，然后再被样式cuowu的红色背景覆盖-->
    <div v-bind:class="classObject1">红色背景</div>
    <hr>
```

```
    <!--使用对象classObject2来绑定样式-->
    <!--对象里面显示lvse_qukuai的绿色背景（样式cuowu的红色背景因为设置为false，所以不覆
       盖）-->
    <div v-bind:class="classObject2">绿色背景</div>
</div>

<script>
//Vue语句-开始
new Vue({
    el: '#app',//app为前面div代码块的id的值，通过“#”绑定
    data: {
        //自定义样式对象classObject1
        classObject1: {
            lvse_qukuai: true,//初始化属性
            cuowu: true//初始化属性
        },//后面有数据，则这里定义完毕后面需要跟上逗号“，”
        //自定义样式对象classObject2
        classObject2: {
            lvse_qukuai: true,//初始化属性
            cuowu: false//初始化属性
        }//后面没有数据，则这里定义完毕，后面不需要跟上逗号“，”
    }
}))//Vue语句-结束
</script>

</body>
</html>
```

效果如图 5-3 所示。

图 5-3　绑定数据里的一个对象

5.4　绑定返回对象的计算属性

我们也可以绑定返回对象的计算属性。这是一个常用且强大的模式。在下面的示例中，classObject1 和 classObject2 都是返回的对象计算属性，返回的内容是一个样式对象。样式

对象的使用参考 5.3 节。具体步骤如下：

1）定义两个样式——lvse_qukuai（绿色区块）和 cuowu（红色区块）。

2）在 data 区域定义 3 个布尔型变量——isActive（值为 true）、hasError（值为 true）、noError（值为 false）。

3）在计算属性 computed 中定义两个返回对象的计算属性。

```
classObject1:function() {
    //return返回一个样式使用的对象
    return{
        lvse_qukuai: this.isActive,
        cuowu: this.hasError
    }
},
classObject2:function() {
    //return返回一个样式使用的对象
    return{
        lvse_qukuai: this.isActive,
        cuowu: this.noError
    }
}
```

4）在 html 视图中使用如下语法：

```
<div v-bind:class="classObject1">红色背景</div>
<div v-bind:class="classObject2">绿色背景</div>
```

完整示例代码如下：

```
<!DOCTYPE html>
<html>
<head>
    <meta charset="utf-8">
    <title>Vue.js样式-class属性-绑定返回对象的计算属性</title>
    <!--加载本地vue.js的框架-->
    <script src="vue2.2.2.min.js"></script>
    <style>
        /*自定义一个绿色区块的样式：宽、高为100px，绿色背景*/
        .lvse_qukuai {
            width: 100px;   /*宽度*/
            height: 100px; /*高度*/
            background-color: green;/*绿色背景*/
        }
        .cuowu{
            background-color: red;/*红色背景*/
        }
    </style>
</head>
<body>
```

```
<!--定义div代码块的id的值, 这里定义的值为app, 后面Vue会使用该值-->
<div id="app">
    <!--使用函数classObject1的返回值（对象）来绑定样式-->
    <!--对象里面先是显示lvse_qukuai的绿色背景, 然后被样式cuowu的红色背景覆盖-->
    <div v-bind:class="classObject1">红色背景</div>
    <hr>
    <!--使用函数classObject2的返回值（对象）来绑定样式-->
    <!--对象里面显示lvse_qukuai的绿色背景（样式cuowu的红色背景因为设置为false, 所以不覆
        盖）-->
    <div v-bind:class="classObject2">绿色背景</div>
</div>

<script>
//Vue语句-开始
new Vue({
    el: '#app',//app为前面div代码块的id的值, 通过 "#" 绑定
    data: {
        isActive: true,//初始化属性
        hasError: true,//初始化属性
        noError: false//初始化属性
    },
    computed:{
        classObject1:function() {
            //return返回一个样式使用的对象
            return{
                lvse_qukuai: this.isActive,
                cuowu: this.hasError
            }
        },
        classObject2:function() {
            //return返回一个样式使用的对象
            return{
                lvse_qukuai: this.isActive,
                cuowu: this.noError
            }
        },
    }
}))//Vue语句-结束
</script>

</body>
</html>
```

效果如图 5-4 所示。

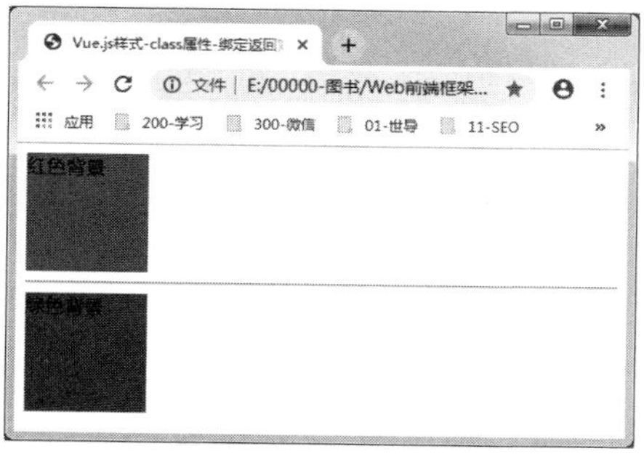

图 5-4　绑定返回对象的计算属性

5.5　绑定一个数组

我们可以把一个数组传给 v-bind:class 。语法格式如下：

```
v-bind:class="[数组元素 1]"
v-bind:class="[数组元素 1, 数组元素 2, 数组元素 n]"
```

示例 1：基础用法

首先，我们创建了两个样式——mycss1 和 mycss2，然后，将样式复制给变量 var_css1:"mycss1" 和 var_css2:"mycss2"；最后，通过 v-bind:class 绑定样式到要显示的元素 v-bind:class="[var_css1]" 和 v-bind:class="[var_css1,var_css2]"。具体步骤如下：

1）定义样式——mycss1 和 mycss2，mycss1 定义绿色区块，mycss2 定义红色区块。

2）在 data 代码块中定义两个变量——var_css1（值为 mycss1）和 var_css2（值为 mycss2）。

3）在 html 视图中绑定，代码如下：

```
<div v-bind:class="[var_css1]">绿色背景区块</div><hr>
<div v-bind:class="[var_css1,var_css2]">红色背景区块</div>
```

完整示例代码如下：

```
<!DOCTYPE html>
<html>
<head>
    <meta charset="utf-8">
    <title>Vue.js样式-class属性绑定一个数组</title>
    <!--加载本地vue.js的框架-->
    <script src="vue2.2.2.min.js"></script>
    <!--下面是内部样式-->
    <style>
        /*自定义一个绿色区块的样式：宽100px，高50px，绿色背景*/
        .mycss1 {
            width: 150px;   /*宽度*/
            height: 50px; /*高度*/
            background-color: green;/*绿色背景*/
        }
        /*自定义一个红色区块的样式：宽250px，高50px，红色背景*/
        .mycss2 {
            width: 250px;   /*宽度*/
            height: 50px; /*高度*/
            background-color: red;/*红色背景*/
        }
    </style>
</head>
<body>

<!--定义div代码块的id的值，这里定义的值为app，后面Vue会使用该值-->
<div id="app">
<!--属性var_css1的值为mycss1，相当于下面区块调用mycss1的样式-->
    <div v-bind:class="[var_css1]">绿色背景区块</div><hr>
    <!--属性var_css2代表的样式会覆盖var_css1的样式：宽度变为250px，颜色变更为红色-->
    <div v-bind:class="[var_css1,var_css2]">红色背景区块</div>
</div>
```

```
<script>
//Vue语句-开始
new Vue({
    el: '#app',//app为前面div代码块的id的值，通过"#"绑定
    data: {
        var_css1:"mycss1", //初始化属性
        var_css2:"mycss2"  //初始化属性
    }
})//Vue语句-结束
</script>
</body>
</html>
```

效果如图 5-5 所示。

图 5-5　通过基础用法绑定一个数组

示例 2：变通用法

下面示例中我们创建了两个样式，mycss1 定义了绿色区块，mycss2 定义了红色区块；不通过中间变量，直接将数组样式通过 v-bind:class 绑定到元素，可以有如下几种方式：

```
v-bind:class="['mycss1']"            <!--样式名有单引号-->
v-bind:class="'mycss1 mycss2'"       <!--样式名有单引号，多个样式中间用空格-->
v-bind:class="['mycss1','mycss2']"   <!--样式名有单引号，多个样式中间用逗号分隔-->
```

具体步骤如下：

1）定义两个样式 mycss1 和 mycss2。

2）在 data 代码块中定义两个变量 var_css1（值为 mycss1）和 var_css2（值为 mycss2）。

3）在 html 视图中绑定，代码如下：

```
<div v-bind:class="[var_css1,var_css2]">红色背景区块，用法0</div>
<div v-bind:class="['mycss1']">变通用法1</div>
div v-bind:class="'mycss1 mycss2'">变通用法2</div>
<div v-bind:class="['mycss1','mycss2']">变通用法3</div>
```

完整示例代码如下：

```
<!DOCTYPE html>
<html>
<head>
```

```
    <meta charset="utf-8">
    <title>Vue.js样式-class属性绑定一个数组：变通用法</title>
    <!--加载本地vue.js的框架-->
    <script src="vue2.2.2.min.js"></script>
    <!--下面是内部样式-->
    <style>
        /*自定义一个绿色区块的样式：宽100px，高50px，绿色背景*/
        .mycss1 {
            width: 150px;  /*宽度*/
            height: 50px; /*高度*/
            background-color: green;/*绿色背景*/
        }
        /*自定义一个红色区块的样式：宽250px，高50px，红色背景*/
        .mycss2 {
            width: 250px;  /*宽度*/
            height: 50px; /*高度*/
            background-color: red;/*红色背景*/
        }
    </style>
</head>
<body>

<!--定义div代码块的id的值，这里定义的值为app，后面Vue会使用该值-->
<div id="app">
<!--属性var_css2代表的样式会覆盖var_css1代表的样式：宽度变为250px，颜色变更为红色-->
    <div v-bind:class="[var_css1,var_css2]">红色背景区块，用法0</div><hr>
    <!--直接将原来属性var_css1位置使用值来代替，注意，这里的值mycss1是字符串，要有单引号-->
    <div v-bind:class="['mycss1']">变通用法1</div><br>

<!--下面两种用法的效果和用法0一样-->
<div v-bind:class="'mycss1 mycss2'">变通用法2</div><br>
<div v-bind:class="['mycss1','mycss2']">变通用法3</div>
</div>

<script>
//Vue语句-开始
new Vue({
    el: '#app',//app为前面div代码块的id的值，通过"#"绑定
    data: {
        var_css1:"mycss1", //初始化属性
        var_css2:"mycss2"  //初始化属性
    }
})//Vue语句-结束
</script>
</body>
</html>
```

效果如图 5-6 所示。

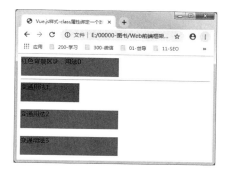

图 5-6　通过变通用法绑定一个数组

5.6　通过三目运算符绑定

JavaScript 中的三目运算符用作判断时，基本语法如下：

```
表达式 ？ 代码1 ： 代码2
```

若表达式的值为真，执行"代码 1"；否则，执行"代码 2"。

Vue.js 中样式绑定的使用如下：

```
<div v-bind:class="[isActive ? activeClass : '']"></div>
```

或者

```
<div v-bind:class="isActive ? activeClass : ''"></div>
```

若 isActive 为 true，则显示 activeClass 的样式；为 false，则显示 '' 样式，也就是没有样式。

我们下面做一个示例：根据变量的不同值，显示不同的样式。具体步骤如下：

1）定义两个样式 mycss1 和 mycss2。

2）在 data 代码块中定义一个布尔型变量 myyes（值为 true）。

3）在 html 视图中绑定，使用三目运算符如下：

```
<div v-bind:class="[myyes ? 'mycss1' : '']">绿色背景区块</div><br>
<div v-bind:class="myyes ? 'mycss2' : ''">红色背景区块</div>
```

完整示例代码如下：

```
<!DOCTYPE html>
<html>
<head>
    <meta charset="utf-8">
    <title>Vue.js样式-class属性通过三目运算符绑定</title>
    <!--加载本地vue.js的框架-->
    <script src="vue2.2.2.min.js"></script>
```

```
    <!--下面是内部样式-->
    <style>
        /*自定义一个绿色区块的样式：宽100px，高50px，绿色背景*/
        .mycss1 {
            width: 150px;   /*宽度*/
            height: 50px;  /*高度*/
            background-color: green;/*绿色背景*/
        }
        /*自定义一个红色区块的样式：宽250px，高50px，红色背景*/
        .mycss2 {
            width: 250px;   /*宽度*/
            height: 50px;  /*高度*/
            background-color: red;/*红色背景*/
        }
    </style>
</head>
<body>

<!--定义div代码块的id的值，这里定义的值为app，后面Vue会使用该值-->
<div id="app">

    <!--属性myyes的值为true，显示名称为mycss2的样式（注意有引号，因为是字符串）-->
    <div v-bind:class="[myyes ? 'mycss1' : '']">绿色背景区块</div><br>

    <!--属性myyes的值为true，显示名称为mycss1的样式（注意有引号，因为是字符串）-->
    <div v-bind:class="myyes ? 'mycss2' : ''">红色背景区块</div>

</div>

<script>
//Vue语句-开始
new Vue({
    el: '#app',//app为前面div代码块的id的值，通过"#"绑定
    data: {
        myyes:true //初始化属性
    }
})//Vue语句-结束
</script>
</body>
</html>
```

效果如图 5-7 所示。

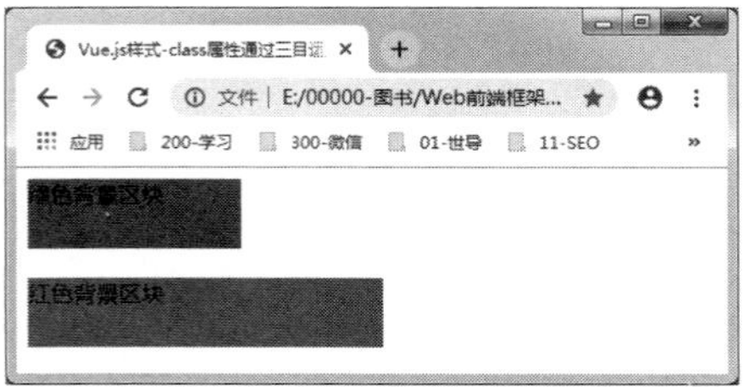

图 5-7　通过三目运算符绑定

5.7　style 内联样式

我们可以使用 v-bind:style 直接设置样式，注意样式写在大括号 {} 里面。语法如下：

```
v-bind:style="{样式1,样式2,样式n}
```

写法如下：

```
v-bind:style="{color:'green',fontSize:'30px'}
```

🎥 **注意**　两种不同方式 font-size 和 fontSize 的写法如下：

```
style="font-size: 20px;color: red;"
v-bind:style="{color:'green',fontSize:'30px'}"
```

我们做一个示例：使用内联样式来实现不同的效果。具体步骤如下：

1）在 Vue.js 的 data 区域定义 2 个变量——activeColor（值颜色 blue）和 fontSize（值字体大小 25）。

2）在 html 视图中，使用内联样式来显示，代码如下：

```
style="font-size: 20px;color: red;"
v-bind:style="{color:'green',fontSize:'30px'}"
v-bind:style="{color: activeColor, fontSize: fontSize + 'px' }"
```

完整示例代码如下：

```
<!DOCTYPE html>
<html>
<head>
    <meta charset="utf-8">
    <title>Vue.js样式-style(内联样式)</title>
    <!--加载本地vue.js的框架-->
    <script src="vue2.2.2.min.js"></script>
</head>
<body>

<!--定义div代码块的id的值，这里定义的值为app，后面Vue会使用该值-->
<div id="app">

    <!--默认，不添加任何样式-->
    <div>黄菊华老师（默认，不添加任何样式）</div>

    <div style="font-size: 20px;color: red;">
        黄菊华老师（添加样式）
    </div>

    <!--注意fontSize的写法-->
    <div v-bind:style="{color:'green',fontSize:'30px'}">
```

```
        黄菊华老师（添加样式）
    </div>

    <!--注意fontSize的写法-->
    <div v-bind:style="{color: activeColor, fontSize: fontSize + 'px' }">
        Vue教程（添加样式）
    </div>

</div>

<script>
//Vue语句-开始
new Vue({
    el: '#app',//app为前面div代码块的id的值，通过"#"绑定
    data: {
        activeColor: 'blue', //初始化属性
        fontSize: 25 //初始化属性
    }
})//Vue语句-结束
</script>
</body>
</html>
```

效果如图 5-8 所示。

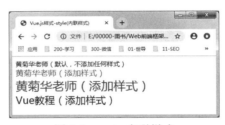

图 5-8　style 内联样式

5.8　style 绑定样式对象

style 内联样式的内容可以是一个对象，即我们可以先在 Vue.js 的 data 中定义样式的内容，定义的内容写在一个对象中，然后将样式的对象绑定到 style。

我们做一个示例：在 data 代码块中定义样式的内容，然后在 html 视图中绑定使用。具体步骤如下：

1）在 Vue.js 的 data 代码块中定义一个对象 mycss，值的内容是我们要设置的样式。代码如下：

```
mycss:{
    color:"red",      //初始化属性
```

```
    fontSize:"25px"  //注意fontSize的写法
}
```

2）在 html 视图中绑定使用，

```
<div v-bind:style="mycss">黄菊华老师</div>
```

完整示例代码如下：

```
<!DOCTYPE html>
<html>
<head>
    <meta charset="utf-8">
    <title>Vue.js样式-style(内联样式)-绑定样式对象</title>
    <!--加载本地vue.js的框架-->
    <script src="vue2.2.2.min.js"></script>
</head>
<body>

<!--定义div代码块的id的值，这里定义的值为app，后面Vue会使用该值-->
<div id="app">

    <!--默认，不添加任何样式-->
    <div>黄菊华老师</div>

    <!--绑定样式（写在对象里面），这里mycss是属性（变量），没有单引号-->
    <div v-bind:style="mycss">黄菊华老师</div>

</div>

<script>
//Vue语句-开始
new Vue({
    el: '#app',//app为前面div代码块的id的值，通过"#"绑定
    data: {
        mycss:{
            color:"red",      //初始化属性
            fontSize:"25px"   //注意fontSize的写法
        }
    }
})//Vue语句-结束
</script>
</body>
</html>
```

效果如图 5-9 所示。

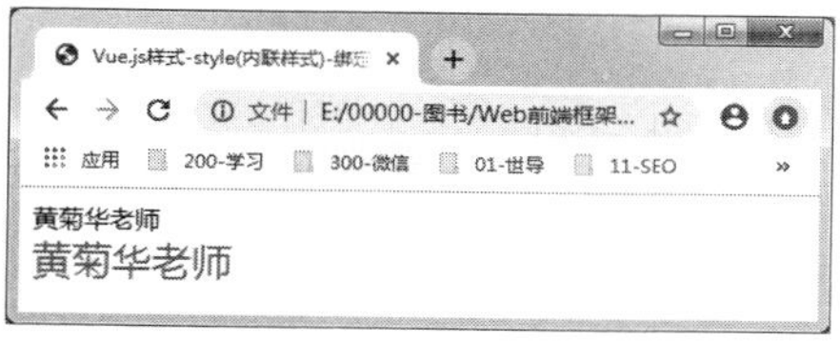

图 5-9 style 绑定样式对象

5.9 style 绑定样式数组

style 内联样式的内容可以是一个数组，即我们可以先在 Vue.js 的 data 中定义样式的多

个内容，每个内容写在一个对象中，然后将多个样式作为数组绑定到 style。

我们做一个示例：在 data 代码块中定义多个样式的内容，然后在 html 视图中组合成数组绑定使用。具体步骤如下：

1）在 Vue.js 的 data 区域中定义 2 个对象——css1 和 css2，值的内容是我们要设置的样式，代码如下：

```
css1:{fontSize:"25px"}, //注意fontSize的写法
css2:{color:"red"}
```

2）在 html 视图中绑定使用，

```
<div v-bind:style="[css1,css2]">Vue入门到精通</div>
```

完整示例代码如下：

```
<!DOCTYPE html>
<html>
<head>
    <meta charset="utf-8">
    <title>Vue.js样式-style(内联样式)-绑定样式数组</title>
    <!--加载本地vue.js的框架-->
    <script src="vue2.2.2.min.js"></script>
</head>
<body>

<!--定义div代码块的id的值，这里定义的值为app，后面Vue会使用该值-->
<div id="app">

    <!--默认，不添加任何样式-->
    <div>Vue入门到精通</div>

    <!--绑定样式（写在数组里面），这里css1和css2没有单引号-->
    <div v-bind:style="[css1,css2]">Vue入门到精通</div>

</div>

<script>
//Vue语句-开始
new Vue({
    el: '#app',//app为前面div代码块的id的值，通过"#"绑定
    data: {
        css1:{fontSize:"25px"}, //注意fontSize的写法
        css2:{color:"red"}
    }
})//Vue语句-结束
</script>
</body>
</html>
```

效果如图 5-10 所示。

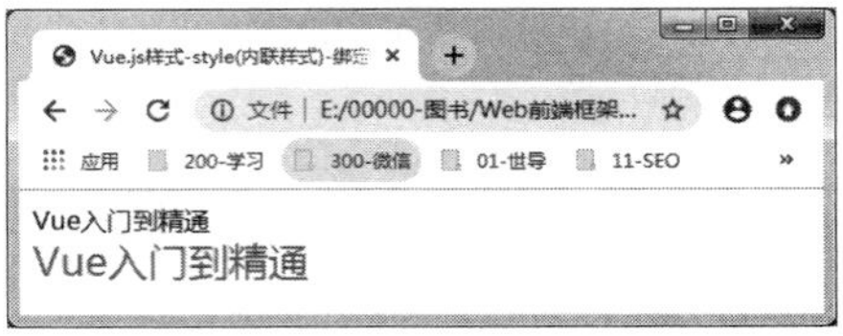

图 5-10　style 绑定样式数组

第 6 章 Chapter 6

事件处理器

v-on 指令绑定事件后，监听相应的事件，进行事件处理。本章主要讲解响应的事件处理器和一些常用的修饰符。

6.1 v-on 指令

可以直接在 v-on 后面绑定点击 click 事件。

我们做一个示例：实现一个可点击的计数器，每点击一次按钮，计数器增加 1。具体步骤如下：

1）在 Vue.js 的 data 区域定义一个变量 jishu，表示计数器，同时初始化值为 0。

2）通过 {{…}} 语法，将变量 jishu 的值显示在页面上。

3）在 html 视图中，使用 v-on 指令增加一个点击事件 v-on:click="jishu+=1"，每点击一次按钮，变量 jishu 的值增加 1。

完整的示例代码如下：

```
<!DOCTYPE html>
<html>
<head>
    <meta charset="utf-8">
    <title>Vue.js-事件处理器v-on指令（简易使用）</title>
    <!--加载本地vue.js的框架-->
    <script src="vue2.2.2.min.js"></script>
</head>
<body>
```

```
<!--定义div代码块的id的值，这里定义的值为app，后面Vue会使用该值-->
<div id="app">

    <!--绑定click事件，每次点击jishu加1-->
    <button v-on:click="jishu+=1">增加1</button>

    <!--显示属性jishu的值-->
    <div>当前计数：{{jishu}}</div>

</div>

<script>
//Vue语句-开始
new Vue({
    el: '#app',//app为前面div代码块的id的值，通过"#"绑定
    data: {
        jishu:0 //属性初始化
    }
})//Vue语句-结束
</script>
</body>
</html>
```

效果如图 6-1 和图 6-2 所示。

图 6-1　v-on 指令页面初始化效果图

图 6-2　v-on 指令页面绑定点击按钮后的效果图

6.2　v-on 指令的方法调用

我们自定义一个方法 say()，然后可以直接在按钮中用命令 v-on 调用该方法：v-on:click="say()"。

我们做一个示例：自定一个方法，然后调用。具体步骤如下。

1）在 Vue.js 的 data 区域自定义一个方法 say()，弹出一段文字，如下所示：

```
say:function(){
    alert("欢迎学习Vue入门到精通");
}
```

2）在 html 视图中调用该方法，如下所示：

```
<button v-on:click="say()">点击查看对话框</button>
```

完整的示例代码如下：

```
<!DOCTYPE html>
<html>
<head>
    <meta charset="utf-8">
    <title>Vue.js-事件处理器v-on指令-接收一个定义的方法来调用</title>
    <!--加载本地vue.js的框架-->
    <script src="vue2.2.2.min.js"></script>
</head>
<body>

<!--定义div代码块的id的值，这里定义的值为app，后面Vue会使用该值-->
<div id="app">
    <!--v-on 可以接收一个定义的方法来调用-->
    <button v-on:click="say()">点击查看对话框</button>
</div>

<script>
//Vue语句-开始
new Vue({
    el: '#app',//app为前面div代码块的id的值，通过"#"绑定
    data: {
        //自定义一个方法
        say:function(){
            alert("欢迎学习Vue入门到精通");
        }
    }
}))//Vue语句-结束
</script>

</body>
</html>
```

效果如图 6-3 所示。

图 6-3　v-on 指令的方法调用

6.3　在事件中读取 data 里的数值

调用语法如下：

```
this.属性名
```

其中，this 是当前 Vue 对象。

我们在下面的示例中定义了一个字符串属性 shuxing1，然后定义了一个 test，在 test 方法中通过 this 引用当前 Vue 的对象，使用 this. 属性名（也就是 this.shuxing1）即可访问 Vue 对象中 data 定义的属性 shuxing1 的值。具体步骤如下：

1）在 Vue.js 的 data 区域定义一个变量 shuxing1，同时给它一个初始值。

2）在 methods 区域中定义一个自定义方法 test，弹出属性 shuxing1 的值和当前按钮的 tagName，代码如下：

```
test:function(event){
    alert(this.shuxing1)  //使用this调用data里面的属性
    if(event){
        alert(event.target.tagName)
    }
}
```

3）在 html 视图中，按钮中调用方法来实现，代码如下：

```
<button v-on:click="test">点击查看</button>
```

完整示例代码如下：

```
<!DOCTYPE html>
<html>
<head>
    <meta charset="utf-8">
    <title>Vue.js-事件中如何读取data里面的数值</title>
    <!--加载本地vue.js的框架-->
    <script src="vue2.2.2.min.js"></script>
</head>
<body>

<!--定义div代码块的id的值，这里定义的值为app，后面Vue会使用该值-->
<div id="app">
    <!--v-on 可以接收一个定义的方法来调用-->
    <button v-on:click="test">点击查看</button>
</div>

<script>
//Vue语句-开始
new Vue({
    el: '#app',
    data: {
        shuxing1:"黄菊华老师"   //属性初始化
    },
    methods:{
        //自定义方法
```

```
    test:function(event){
        alert(this.shuxing1)  //使用this调用data里面的属性
        if(event){
            alert(event.target.tagName)
        }
    }


    }
}))//Vue语句-结束
</script>

</body>
</html>
```

效果如图 6-4 和图 6-5 所示。

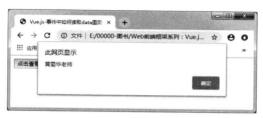

图 6-4　点击按钮获取属性的值

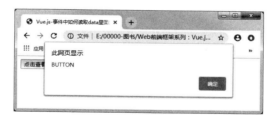

图 6-5　点击按钮获取发生事件的 tagName

6.4　方法参数的几种使用方式

方法参数有以下几种使用方式。

第 1 种　最简易的自增、自减，语法如下：

```
v-on:click="x1+=1"
```

第 2 种　直接跟方法，在方法中调用 Vue 对象的内容作为参数，语法如下：

```
@click="add"
```

第 3 种　直接在方法后跟上参数，语法如下：

```
@click="add2(x1,x2)"
```

下面我们做一个示例，使用上面提及的几种常用方式。具体步骤如下：

1）在 Vue.js 的 data 区域定义 3 个变量 x1、x2、x3，初始值都是 0。

2）在 methods 区域中自定义两个方法，使用不同的参数模式：

```
//data内变量的值作为参数
add:function(){
    this.x2=this.x2+1;
},
//参数直接定义在方法里面
add2:function(cs1,cs2){
    this.x3=cs1+cs2;
}
```

3）在 html 视图中调用方法：

```
<!--使用内联js语句-->
<button v-on:click="x1+=1">加1</button>
<div>{{x1}}</div>

<!--v-on 可以接收一个定义的方法来调用-->
<button @click="add">加1</button>
<div>{{x2}}</div>

<!--v-on 可以接收一个定义的方法（带参数）来调用-->
<button @click="add2(x1,x2)">前面两个按钮的点击综合</button>
<div>{{x3}}</div>
```

完整示例代码如下：

```
<!DOCTYPE html>
<html>
<head>
    <meta charset="utf-8">
    <title>Vue.js-事件中如何读取data里面的数值</title>
    <!--加载本地vue.js的框架-->
    <script src="vue2.2.2.min.js"></script>
</head>
<body>

<!--定义div代码块的id的值，这里定义的值为app，后面Vue会使用该值-->
<div id="app">
    <!--使用内联js语句-->
    <button v-on:click="x1+=1">加1</button>
    <div>{{x1}}</div>

    <!--v-on 可以接收一个定义的方法来调用-->
    <button @click="add">加1</button>
    <div>{{x2}}</div>
```

```
<!--v-on 可以接收一个定义的方法（带参数）来调用-->
<button @click="add2(x1,x2)">前面两个按钮的点击综合</button>
<div>{{x3}}</div>
</div>

<script>
//Vue语句-开始
new Vue({
    el: '#app', //app为前面div代码块的id的值，通过 "#" 绑定
    data: {
        x1:0, //属性初始化
        x2:0, //属性初始化
        x3:0   //属性初始化
    },
    methods:{
        //自定义方法
        add:function(){
            this.x2=this.x2+1;
        },
        //自定义方法（带参数）
        add2:function(cs1,cs2){
            this.x3=cs1+cs2;
        }
    }
}))//Vue语句-结束
</script>

</body>
</html>
```

效果如图 6-6 所示。

图 6-6 示例效果

6.5 事件修饰符

Vue.js 为 v-on 指令提供了事件修饰符来处理 DOM 事件细节，如 event.preventDefault()
或 event.stopPropagation()。

Vue.js 通过由 "." 表示的指令后缀来调用修饰符，如 .stop、.prevent、.capture、

.self、.once 等，下面的代码是对这几种修饰符的参考：

```html
<!-- 阻止单击事件冒泡 -->
<a v-on:click.stop="doThis"></a>

<!-- 提交事件不再重载页面 -->
<form v-on:submit.prevent="onSubmit"></form>

<!-- 修饰符可以串联 -->
<a v-on:click.stop.prevent="doThat"></a>

<!-- 只有修饰符 -->
<form v-on:submit.prevent></form>

<!-- 添加事件侦听器时使用事件捕获模式 -->
<div v-on:click.capture="doThis">...</div>

<!-- 只当事件在该元素本身（而不是子元素）触发时触发回调 -->
<div v-on:click.self="doThat">...</div>

<!-- click 事件只能点击一次，2.1.4版本新增 -->
<a v-on:click.once="doThis"></a>
```

6.6 按键修饰符

Vue 允许在监听键盘事件时为 v-on 添加按键修饰符。

例如，只有在 keyCode 是 13 时调用 vm.submit()：

```html
<input v-on:keyup.13="submit">
```

记住所有的 keyCode 比较困难，所以 Vue 为最常用的按键提供了别名：

```html
<input v-on:keyup.enter="submit">
```

缩写语法如下：

```html
<input @keyup.enter="submit">
```

全部的按键别名包括：.enter、.tab、.delete（捕获"删除"和"退格"键）、.esc、.space、.up、.down、.left、.right、.ctrl、.alt、.shift、.meta。

下面的代码是对这几种修饰符的参考：

```html
<p><!-- Alt + C -->
<input @keyup.alt.67="clear">

<!-- Ctrl + Click -->
<div @click.ctrl="doSomething">Do something</div>
```

第 7 章 *Chapter 7*

监听和计算属性

本章将介绍 Vue.js 监听属性 watch 以及计算属性 computed 的相关知识。

watch 用来监听 Vue 实例中数据的变动，也可以是 Vue 自带的属性，比如 $route。

7.1 watch 监听属性

这个属性用来监视某个数据的变化，并触发相应的回调函数执行。

侦听属性的特性：

❏ 通过 vm 对象的 $watch() 或 watch 配置来监视指定的属性。

❏ 当属性变化时，回调函数自动调用，在函数内部进行计算。

7.1.1 基本用法

添加 watch 属性，值为一个对象。对象的属性名就是要监视的数据，属性值为回调函数，每当这个属性名对应的值发生变化，就会触发该回调函数执行。

回调函数有 2 个参数：

❏ newVal，数据发生改变后的值。

❏ oldVal，数据发生改变前的值。

7.1.2 使用 watch 实现计数器

本节实现一个计数器的示例：通过每次点击按钮将计算器加 1，同时输出计算器改变之前的值和改变之后的值。具体步骤如下：

1）在 Vue.js 的 data 区域定义 3 个变量，jishuqi（计数器，初始为 1)、ov（改变前的旧值，初始为 0)、nv（改变后的新值，初始为 0)。

2）对变量 jishuqi 添加监听，同时将计数器改变前的值赋值给变量 ov，将改变后的值赋值给变量 nv：

```
vm.$watch("jishuqi",function(nval,oval){
    vm.$data.ov = oval
    vm.$data.nv  =nval
});
```

3）在 html 视图中显示改变前的值和改变后的值：

```
<span>改变之前：{{ov}}</span>
<span>改变之后：{{nv}}</span>
```

4）在 html 视图中，我们点击按钮改变变量 jishuqi 值，这个时候会触发监听：

```
<button @click="jishuqi++">点击一次，计数器增加1 </button>
```

完整示例代码如下：

```
<!DOCTYPE html>
<html>
<head>
    <meta charset="utf-8">
    <title>Vue.js 监听属性-使用 watch 实现计数器</title>
    <!--加载本地vue.js的框架-->
    <script src="vue2.2.2.min.js"></script>
</head>
<body>

<!--定义div代码块的id的值，这里定义的值为app，后面Vue会使用该值-->
<div id="app">

    <!--显示属性（变量）jishuqi的值-->
    <div>计数器：{{jishuqi}}</div>

    <!--ov的值为属性（变量）jishuqi改变之前的值-->
    <span>改变之前：{{ov}}</span>

    <!--nv的值为属性（变量）jishuqi改变之后的值-->
    <span>改变之后：{{nv}}</span><br>

    <!--每次点击，属性（变量）jishuqi的值加1-->
    <button @click="jishuqi++">点击一次，计数器增加1 </button>

</div>

<script>
```

```
//Vue语句-开始
var vm = new Vue({
    el: '#app', //app为前面div代码块的id的值，通过 "#" 绑定
    data: {
        jishuqi:1,//属性初始化
        ov:0,  //属性初始化
        nv:0  //属性初始化
    },
    methods:{
    }
})//Vue语句-结束

vm.$watch("jishuqi",function(nval,oval){
    vm.$data.ov = oval
    vm.$data.nv  =nval
});

</script>

</body>
</html>
```

效果如图 7-1 和图 7-2 所示。

图 7-1　计数器初始化效果图

图 7-2　点击按钮后效果图

7.1.3　千米与米之间的换算

本节实现一个单位换算的示例，通过监听来实现千米和米之间的转换：输入千米值后自动转换成对应的米值，输入米值自动转换成对应的千米值。具体步骤如下：

1）在 Vue.js 的 data 区域定义 2 个变量，qianmi（千米，初始为 0）和 mi（米，初始为 0）。

2）对变量 qianmi 和 mi 添加监听，同时定义处理方法。

当变量 qianmi 的值变化时，改变米值的显示。当变量 mi 的值变化时，改变千米值的显示：

```
watch:{
    //当千米后面的输入框数字改变的时候，会触发该监听方法
    qianmi:function(val){
        this.qianmi = val;
        this.mi = val * 1000;  //单位换算，米=千米数字*1000
    },
    //当米后面的输入框数字改变的时候，会触发该监听方法
    mi:function(cs){
        this.mi = cs;
        this.qianmi = cs /1000;  //单位换算，千米=米数字/1000
    }
}
```

3）在 html 视图中，将变量 qianmi 双向绑定到 input，将变量 mi 双向绑定到 input，这样，当输入框的内容发生改变时，就会触发监听了：

```
千米: <input type="text" v-model="qianmi" />米: <input type="text" v-model="mi" />
```

完整示例代码如下：

```
<!DOCTYPE html>
<html>
<head>
    <meta charset="utf-8">
    <title>Vue.js-监听属性-千米与米之间的换算</title>
    <!--加载本地vue.js的框架-->
    <script src="vue2.2.2.min.js"></script>
</head>
<body>

<!--定义div代码块的id的值，这里定义的值为app，后面Vue会使用该值-->
<div id="app">

    在下面输入框输入数字，会自动转成多少米<br><br>
    千米: <input type="text" v-model="qianmi" />
    <!--输入框的内容双向绑定到了属性qianmi-->
    <hr>

    在下面输入框输入数字，会自动转成多少千米<br><br>
    米: <input type="text" v-model="mi" /><hr>
    <!--输入框的内容双向绑定到了属性mi-->

    <p id="info"></p>
</div>

<script>
```

```
//Vue语句-开始
var vm = new Vue({
    el: '#app', //app为前面div代码块的id的值，通过 "#" 绑定
    data: {
        qianmi:0, //初始化属性值
        mi:0 //初始化属性值
    },
    watch:{
        //当千米后面的输入框数字改变的时候，会触发该监听方法
        qianmi:function(val){
            this.qianmi = val;
            this.mi = val * 1000; //单位换算，米=千米数字*1000
        },
        //当米后面的输入框数字改变的时候，会触发该监听方法
        mi:function(cs){
            this.mi = cs;
            this.qianmi = cs /1000; //单位换算，千米=米数字/1000
        }
    }
})//Vue语句-结束

// $watch 是一个实例方法
vm.$watch('qianmi', function (newValue, oldValue) {
    // 这个回调将在千米输入框数字改变后调用
    document.getElementById ("info").innerHTML = "【千米】修改前值为：" + oldValue
        + "，修改后值为：" + newValue;
})

</script>

</body>
</html>
```

效果如图 7-3 和图 7-4 所示。

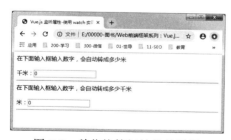

图 7-3　单位换算初始化效果图

图 7-4　输入千米值，自动转化成米值效果图

7.1.4　简单的购物车

本节实现一个简易的购物车示例：增加和减少购物车的产品数量，购物车总价随之变化；对每个购物车产品数量也有一键清 0 的操作，同时购物车总价也跟随变化。具体步骤

如下：

1）在 Vue.js 的 data 区域定义变量 sjs，该变量是一个对象数组，每一个数组元素是一个对象，每个对象是与手机的相关 id、mingcheng、jiage、shuliang。代码如下：

```
sjs:[
    {
        id:1,
        mingcheng:"iphone 6",
        jiage: 3000,
        shuliang:1
    },
    {
        id:2,
        mingcheng:"iphone 7",
        jiage: 5000,
        shuliang:1
    },
    {
        id:3,
        mingcheng:"iphone 8",
        jiage: 7000,
        shuliang:1
    }
]
```

2）在 methods 的区域定义一个自定方法 feiyong，用于计算当前选中购物车中物品的数量和价格，得出总的费用。代码如下：

```
feiyong:function(){
    var fy = 0; //初始化
    //下面根据产品数组的长度，循环叠加计算出总费用
    for(var x=0;x<this.sjs.length;x++){
        fy = fy + this.sjs[x].jiage * this.sjs[x].shuliang;
    }
    return fy; //返回值
}
```

3）在 html 视图中，循环显示购物车，包含 id、mingcheng、jiage、shuliang。同时给每个商品增加两个按钮，一个用于增加数量 1，一个用于减少数量 1。

4）通过 {{…}} 语法，调用 feiyong() 得出最终费用，显示在页面上。

完整的示例代码如下：

```
<!DOCTYPE html>
<html>
<head>
    <meta charset="utf-8">
    <title>Vue.js-监听属性-简单的购物车</title>
    <!--加载本地vue.js的框架-->
```

```
    <script src="vue2.2.2.min.js"></script>
    <!--定义购物车的表格样式-->
    <style type="text/css">
    table {
        border: 1px solid black;/*黑色、1px的边框*/
    }
    table {
        width: 100%;/*宽度*/
    }

    th {
        height: 50px;/*高度*/
    }
    th, td {
        border-bottom: 1px solid #ddd;/*底部边框*/
    }
    </style>
</head>
<body>

<!--定义div代码块的id的值，这里定义的值为app，后面Vue会使用该值-->
<div id="app">
<!--定义购物车表-->
<table >
    <!--标题部分-->
    <tr>
        <th>序号</th>
        <th>商品名称</th>
        <th>商品价格</th>
        <th>购买数量</th>
        <th>操作</th>
    </tr>
    <!--下面循环显示数组sjs的手机产品内容-->
    <!--sjs是一个对象数组，每个数组的元素代表一个商品的信息：产品id、产品名称、价格、数量-->
    <!--下面代码中的sj 代表一个产品对象-->
    <tr v-for="sj in sjs">
        <td>{{sj.id}}</td><!--商品id，对象内的属性值访问使用点号 "." -->
        <td>{{sj.mingcheng}}</td><!--商品名称，对象内的属性值访问使用点号 "." -->
        <td>{{sj.jiage}}</td><!--商品价格，对象内的属性值访问使用点号 "." -->
        <td>
            <!--每次点击数量减1-->
            <button v-on:click="sj.shuliang=sj.shuliang-1" >-</button>
            {{sj.shuliang}} <!--显示当前的数量-->
            <!--每次点击数量加1-->
            <button v-on:click="sj.shuliang=sj.shuliang+1">+</button>
        </td>
        <td>
            <!--讲对应的商品数量重新设置为0-->
            <button v-on:click="sj.shuliang=0">清0</button>
        </td>
    </tr>
```

```
</table>
<div>总价: {{feiyong()}}</div>
</div>

<script>
//Vue语句-开始
var vm = new Vue({
    el: '#app', //app为前面div代码块的id的值,通过"#"绑定
    data: {
        //定义一个产品数组,每个数组的元素是一个对象,每个对象是包含手机的产品信息
        //下面的数组定义了3个产品
        sjs:[
            {
                id:1,
                mingcheng:"iphone 6",
                jiage: 3000,
                shuliang:1
            },
            {
                id:2,
                mingcheng:"iphone 7",
                jiage: 5000,
                shuliang:1
            },
            {
                id:3,
                mingcheng:"iphone 8",
                jiage: 7000,
                shuliang:1
            }
        ]
    },
    //方法定义区块
    methods:{
        //自定义一个方法,用于计算所有的产品费用
        feiyong:function(){
            var fy = 0; //初始化
            //下面根据产品数组的长度,循环叠加计算出总费用
            for(var x=0;x<this.sjs.length;x++){
                fy = fy + this.sjs[x].jiage * this.sjs[x].shuliang;
            }
            return fy; //返回值
        }
    }
})//Vue语句-结束

</script>

</body>
</html>
```

效果如图 7-5 ~ 图 7-7 所示。

图 7-5 购物车初始化效果图

图 7-6 对序号 1 的产品"清 0"操作后效果图

图 7-7 对序号 1 和 2 的产品数量更新后的效果图

7.1.5 全选与取消全选

本节实现常用的全选和取消全选功能，点击"全选"，后面的选项将全部勾选；点击"取消全选"，则后面的选项全部取消勾选。具体步骤如下：

1）在 Vue.js 的 data 区域定义 3 个变量：checked（全选状态、布尔型、初始化 false）、jieguo（选中的项目、数组、初始化空）、shuzu（数组，内容为 ["baidu","taobao","qq"]）。

2）在 methods 区域自定义方法 ckall，用于处理全选状态的变化。

3）对变量 jieguo 进行监听，如果所有项目都选中，则全选中；如果所有项目都没有选中，则取消全选中。

判断是否全选的原理：如果选中的数组值 jieguo 和给定要比较的数组值 shuzu 的长度一致，则说明全选中，否则没有全选中。

完整示例代码如下：

```
<!DOCTYPE html>
<html>
<head>
    <meta charset="utf-8">
    <title>Vue.js-表单-监听属性-全选与取消全选</title>
    <!--加载本地vue.js的框架-->
    <script src="vue2.2.2.min.js"></script>
</head>
<body>

<!--定义div代码块的id的值，这里定义的值为app，后面Vue会使用该值-->
<div id="app">

    <!--全选，调用方法ckall()来实现全选-->
    <input type="checkbox" v-model="checked" id="ckbox" v-on:change="ckall()" />
    <label for="ckbox">全选</label><hr>

    <!--选项1，双向绑定到属性（数组）jieguo，有自己的id和value-->
    <input type="checkbox" id="baidu" value="baidu" v-model="jieguo" />
    <label for="baidu">baidu</label>

    <!--选项2，双向绑定到属性（数组）jieguo，有自己的id和value-->
    <input type="checkbox" id="taobao" value="taobao" v-model="jieguo" />
    <label for="taobao">taobao</label>

    <!--选项3，双向绑定到属性（数组）jieguo，有自己的id和value-->
    <input type="checkbox" id="qq" value="qq" v-model="jieguo" />
    <label for="qq">qq</label>

    <!--上面三个独立的选项，如果都选择了，也会自动全选-->
    <hr>
    {{jieguo}}<!--选中的内容-->

</div>

<script>
//Vue语句-开始
var vm = new Vue({
    el: '#app', //app为前面div代码块的id的值，通过"#"绑定
    data: {
        checked:false,//初始化布尔型
        jieguo:[],//初始化、定义空数组
        shuzu:["baidu","taobao","qq"] //定义所有内容的结果值（数组）
    },
    //自定义方法区块
```

```
methods:{
    //自定义全选方法
    ckall:function(){
        //全选选中状态
        if(this.checked){
            this.jieguo = this.shuzu //通过给数组jieguo赋值实现全选
        }else{//取消全选
            this.jieguo =[] //通过给数组jieguo赋值为空数组、实现取消全选
        }
    }
},
//监听数组jieguo的内容，如果发生改变，则判断是否全选
watch:{
    "jieguo":function(){
        if(this.jieguo.length ==  this.shuzu.length){
            //当前选中的内容长度（几个选项）和所有结果的长度一致，则表示全选
            this.checked = true//设置全选状态为true
        }else{
            this.checked = false//不是全选，则设置全选状态为false
        }
    }
}
}))//Vue语句-结束

</script>

</body>
</html>
```

效果如图 7-8 ~ 图 7-10 所示。

图 7-8　全选页面初始化效果图

图 7-9　选中某些选项效果图

图 7-10　点击全选效果图

7.2　计算属性

计算属性包括 computed、methods 和 setter，下面分别介绍。

7.2.1　computed

计算属性 computed 的特点：

❑ 在 computed 属性对象中定义计算属性的方法，在页面上使用 {{ 方法名 }} 来显示计算结果。

❑ 通过 getter/setter 来显示和监视属性数据。

❑ 计算属性存在缓存，多次读取只执行一次 getter。

当其依赖的属性值发生变化时，计算属性会重新计算。反之，则使用缓存中的属性值，其设计的目的就是解决模板中放入太多的逻辑而导致模板过重且难以维护的问题。

我们下面做一个示例：定义一个默认字符串，然后利用 computed 将字符串反转显示，具体步骤如下：

1）在 Vue.js 的 data 区域定义一个变量 message，同时给它一个初始值。

2）通过 {{…}} 语法，将变量 message 的值显示在页面上。

3）在 data 区域添加计算属性，在计算属性里自定义方法 reversedMessage，该方法用于反转变量的内容，代码如下：

```
computed: {
    // 计算属性的 getter
    reversedMessage: function () {
        // `this` 指向 vm 实例
        return this.message.split('').reverse().join('')
    }
}
```

4）通过 {{…}} 语法，直接调用计算属性的方法 reversedMessage，将结果显示在页面上。

完整示例代码如下：

```html
<!DOCTYPE html>
<html>
<head>
    <meta charset="utf-8">
    <title>Vue.js 计算属性</title>
    <!--加载本地vue.js的框架-->
    <script src="vue2.2.2.min.js"></script>
</head>
<body>

<!--定义div代码块的id的值，这里定义的值为app，后面Vue会使用该值-->
<div id="app">
    <!--直接显示message属性的内容-->
    <p>原始字符串：{{ message }}</p>
    <!--调用自定义方式reversedMessage，显示反转字符串的内容-->
    <p>计算后反转字符串：{{ reversedMessage }}</p>
    <hr>
    <!--直接使用原生JavaScript的语法，显示反转字符串的内容-->
    {{ message.split('').reverse().join('') }}

</div>

<script>
//Vue语句-开始
var vm = new Vue({
    el: '#app', //app为前面div代码块的id的值，通过"#"绑定
    data: {
        message: 'hello 黄菊华老师！'//从初始化属性
    },
    //计算属性区块
    computed: {
        // 计算属性的 getter
        reversedMessage: function () {
            // `this` 指向 vm 实例
            return this.message.split('').reverse().join('')
        }
    }
}))//Vue语句-结束
</script>

</body>
</html>
```

效果如图 7-11 所示。

vm.reversedMessage 依赖于 vm.message，在 vm.message 发生改变时，vm.reversedMessage 也会更新。

图 7-11 利用计算属性 computed 反转字符串的效果图

7.2.2 methods

我们可以使用 methods 来替代 computed，效果上两个都是一样的，但是 computed 基于它的依赖缓存，只有相关依赖发生改变时才会重新取值。而使用 methods，在重新渲染的时候，函数总会重新调用执行。我们下面做一个示例，具体步骤如下：

1）在 Vue.js 的 data 区域定义一个变量 message，同时给它一个初始值。

2）通过 {{…}} 语法，将变量 message 的值显示在页面上。

3）在 methods 区域里自定义方法 reversedMessage2，该方法用于反转变量的内容，代码如下：

```
methods: {
    reversedMessage2: function () {
        return this.message.split('').reverse().join('')
    }
}
```

4）通过 {{…}} 语法，直接调用方法 reversedMessage2() 将结果显示在页面上。

完整示例代码如下：

```
<!DOCTYPE html>
<html>
<head>
    <meta charset="utf-8">
    <title> Vue.js 计算属性 computed vs methods</title>
    <!--加载本地vue.js的框架-->
    <script src="vue2.2.2.min.js"></script>
</head>
<body>

<!--定义div代码块的id的值，这里定义的值为app，后面Vue会使用该值-->
<div id="app">
    <input v-model="message">
    <!--直接显示message属性的内容-->
    <p>原始字符串: {{ message }}</p>
    <p>计算后反转字符串: {{ reversedMessage }}</p>
    <p>使用方法后反转字符串: {{ reversedMessage2() }}</p>
```

```
</div>

<script>
//Vue语句-开始
var vm = new Vue({
    el: '#app', //app为前面div代码块的id的值，通过“#”绑定
    data: {
        message: 'hello 黄菊华老师！'//从初始化属性
    },
    //计算属性区块
    computed: {
        //声明了一个计算属性 reversedMessage
        //提供的函数将用作属性 vm.reversedMessage 的 getter
        reversedMessage: function () {
            // `this` 指向 vm 实例
            return this.message.split('').reverse().join('')
        }
    },
    methods: {
        reversedMessage2: function () {
            return this.message.split('').reverse().join('')
        }
    }
}))//Vue语句-结束
</script>

</body>
</html>
```

效果如图 7-12 所示。

图 7-12　利用 methods 反转字符串的效果

可以说，使用 computed 性能会更好，但是如果不希望缓存，则可以使用 methods 属性。

7.2.3　setter

当页面获取某个数据的时候，先会在 data 里面找，找不到就会去计算属性里面找，在计算属性里获取数据时会自动执行 get 方法，同时也提供了 set 方法。

computed 属性默认只有 getter，不过在需要时也可以提供一个 setter。

我们接下来做一个示例，具体步骤如下：

1）在 Vue.js 的 data 区域定义 2 个变量 name（网站名称）和 url（网站地址），同时赋值。

2）在 data 区域添加 computed 计算属性，在计算属性里定义 site 数据，在 site 里实现 getter（获取网站名称和网址）和 setter（根据传入的参数设置网站名称和网址）的应用，代码如下：

```
computed: {
    site: {
        // getter
        get: function () {
            return this.name + ' ' + this.url
        },
        // setter
        set: function (newValue) {
            var names = newValue.split('|')
            this.name = names[0]
            this.url = names[names.length - 1]
        }
    }
}
```

3）通过调用 site 来实现数据的初始化，vm 是 Vue 的实例化对象：

```
vm.site = '黄老师站点|http://www.8895.org';
```

4）在页面中输出结果。

完整示例代码如下：

```
<!DOCTYPE html>
<html>
<head>
    <meta charset="utf-8">
    <title>Vue.js计算属性setter</title>
    <!--加载本地vue.js的框架-->
    <script src="vue2.2.2.min.js"></script>
</head>
<body>

<!--定义div代码块的id的值,这里定义的值为app,后面Vue会使用该值-->
<div id="app">
    <p>{{ site }}</p>
</div>

<script>
//Vue语句-开始
var vm = new Vue({
    el: '#app', //app为前面div代码块的id的值,通过"#"绑定
```

```
    data: {
        name: '淘宝网',//初始化属性
        url: 'http://www.taobao.com'//初始化属性
    },
    //计算属性区块
    computed: {
        site: {
            // getter
            get: function () {
                return this.name + ' ' + this.url
            },
            // setter
            set: function (newValue) {
                var names = newValue.split('|')
                this.name = names[0]
                this.url = names[names.length - 1]
            }
        }
    }
}))//Vue语句-结束

// 调用 setter，vm.name 和 vm.url 也会被对应更新
vm.site = '黄老师站点|http://www.8895.org';
document.write('name: ' + vm.name);
document.write('<br>');
document.write('url: ' + vm.url);

</script>

</body>
</html>
```

效果如图 7-13 所示。

图 7-13　计算属性 setter 运行效果图

根据实例运行结果，在运行" vm.site = ' 黄老师站点 |http://www.8895.org';"时，setter 会被调用，vm.name 和 vm.url 也会被相应更新。

技能提升

本部分主要讲解 Vue.js 的高级知识，涉及组件、自定义指令、响应接口、路由、过渡和动画、第三方插件 Axios。

组　　件

　　组件（component）是 Vue.js 最强大的功能之一，可以扩展 HTML 元素，封装可重用的代码。组件系统使我们可以用独立可复用的小组件来构建大型应用，几乎任意类型的应用界面都可以抽象为一个组件树。

　　本章主要讲解全局组件、局部组件、组件的 props 属性、组件的动态 props。

8.1　全局组件

　　注册全局组件有两种方式：普通注册和用 Vue 构造器注册。

1. 普通注册

注册一个全局组件的语法格式如下：

```
Vue.component(tagName, options)
```

　　其中，tagName 为组件名，options 为配置选项。注册后，我们可以使用以下方式来调用组件：

```
<tagName></tagName>
```

2. Vue 构造器

格式如下：

```
var 组件内容 = Vue.extend({
    template:'<div>自定义全局组件，使用Vue.extend</div>'
```

```
})
Vue.component("组件名称",组件内容)
```

其中：

- ❑ Vue.extend() 是 Vue 构造器的扩展，调用 Vue.extend() 创建的是一个组件构造器，而不是一个具体的组件实例。
- ❑ Vue.extend() 构造器有一个选项对象，选项对象的 template 属性用于定义组件要渲染的 HTML。
- ❑ 使用 Vue.component() 注册组件时，需要提供 2 个参数，第 1 个参数是组件的标签，第 2 个参数是组件构造器。
- ❑ Vue.component() 方法内部会调用组件构造器，创建一个组件实例。
- ❑ 组件应该挂载到某个 Vue 实例下，否则它不会生效。

所有实例都能使用全局组件。

我们看下面的示例：如何注册和使用全局组件。组件的使用有 2 个步骤。

1）注册组件。有两种注册组件的方式：

第 1 种　普通注册，代码如下：

```
Vue.component('aaa',
    {
        template:'<h1>自定义全局组件</h1>'
    }
)
```

第 2 种　创建组件构造器，代码如下：

```
var neirong = Vue.extend({
    template:'<div>自定义全局组件,使用Vue.extend</div>'
})
//注册新的主键,组件名: bbb
Vue.component("bbb",neirong)
```

2）使用组件。基本语法如下：

```
<div id="app">
    <aaa></aaa>
    <bbb></bbb>
```

完整示例代码如下：

```
<!DOCTYPE html>
<html>
<head>
    <meta charset="utf-8">
    <title>组件-全局组件</title>
    <!--加载本地vue.js的框架-->
    <script src="vue2.2.2.min.js"></script>
```

```
</head>
<body>

<!--定义div代码块的id的值，这里定义的值为app，后面vue会使用该值-->
<div id="app">
    <p>你好</p>
    <aaa></aaa>
    <bbb></bbb>
</div>

<script>
    //注册新的主键，组件名：aaa
    Vue.component('aaa',
        {
            template:'<h1>自定义全局组件</h1>'
        }
    )

    var neirong = Vue.extend({
        template:'<div>自定义全局组件，使用Vue.extend</div>'
        })
    //注册新的主键，组件名：bbb
    Vue.component("bbb",neirong)

    //创建实例
    new Vue({
        el:"#app" //app为前面div代码块的id的值，通过"#"绑定
    })
</script>

</body>
</html>
```

效果如图8-1所示。

图 8-1 全局组件效果图

8.2 局部组件

我们也可以在实例选项中注册局部组件，这样组件只能在这个示例中使用。

调用 Vue.component() 注册组件时，组件的注册是全局的，这意味着该组件可以在任意
Vue 示例下使用。

如果不需要全局注册，或者只是在其他组件内使用该组件，可以用选项对象的
components 属性实现局部注册。

我们来看下面的示例：如何注册一个简单的局部组件并使用它。主要有 3 个步骤。

1）在脚本代码中定义一个对象 neirong，代表要注册的主键的内容，代码如下：

```
var neirong={
    template:'<h1>黄菊华老师的局部组件</h1>'
}
```

2）在 Vue 的根实例中，使用 components 来注册组件，代码如下：

```
new Vue({
    el:"#app",
    components:{
        //定义的局部组件，只有在父模板中使用
        'toubu':neirong
        }
})
```

3）在 html 视图中使用局部组件，代码如下：

```
<div id="app">
    <toubu></toubu>
</div>
```

完整示例代码如下：

```
<!DOCTYPE html>
<html>
<head>
    <meta charset="utf-8">
    <title>组件-局部组件</title>
    <!--加载本地vue.js的框架-->
    <script src="vue2.2.2.min.js"></script>
</head>
<body>

<!--定义div代码块的id的值，这里定义的值为app，后面Vue会使用该值-->
<div id="app">
    <h2>局部组件的使用</h2>
    <toubu></toubu>
</div>

<script>
    var neirong={
            template:'<h1>黄菊华老师的局部组件</h1>'
        }
```

```
        //创建根实例
        new Vue({
            el:"#app",
            components:{
                //定义的局部组件,只有在父模板中使用
                'toubu':neirong
            }
        })
</script>

</body>
</html>
```

效果如图 8-2 所示。

图 8-2　局部组件效果图

8.3　props 属性

props 是父组件用来传递数据的一个自定义属性。父组件的数据需要通过 props 属性传递给子组件,子组件需要显式地用 props 选项声明 "props"。

我们下面做一个示例:定义一个组件,然后通过 props 属性传递内容。主要有 2 个步骤。

1)注册一个自定义名称为 abc 的全局组件,同时声明 props,代码如下:

```
Vue.component('abc',
    .{
    //声明props
    props:['aaa'],
    template:'<h1>{{aaa}}</h1>'
    }
)
```

2)在 html 视图中,使用自定义组件 abc,同时通过 props 属性的变量 aaa 来传递值到组件,代码如下:

```
<abc aaa="你好黄菊华老师"></abc>
```

完整示例代码如下:

```
<!DOCTYPE html>
<html>
<head>
    <meta charset="utf-8">
    <title>组件-props属性</title>
    <!--加载本地vue.js的框架-->
    <script src="vue2.2.2.min.js"></script>
</head>
<body>

<!--定义div代码块的id的值，这里定义的值为app，后面Vue会使用该值-->
<div id="app">
    <!--通过aaa传递数据-->
    <abc aaa="你好黄菊华老师"></abc>
    <!--没有传递数据-->
    <abc ></abc>
</div>

<script>
    //注册
    Vue.component('abc',
        {
            //声明props
            props:['aaa'],
            template:'<h1>{{aaa}}</h1>'
        }
    )
    //根实例
    new Vue({
        el:"#app"
    })
</script>

</body>
</html>
```

效果如图 8-3 所示。

图 8-3　props 属性运行效果

8.4　动态 props

类似于用 v-bind 绑定 HTML 特性到一个表达式，也可以用 v-bind 动态绑定 props 的值到父组件的数据中。当父组件的数据变化时，也会将该变化传递给子组件。

我们下面做一个示例：实现动态 props。具体有 5 个步骤。

1）在 Vue.js 的 data 区域定义一个变量 xinxi，同时给它一个初始值。

2）在 html 视图中定义一个 input，内容和变量 xinxi 双向绑定，代码如下：

```
<input v-model="xinxi">
```

3）自定义组件 child，同时声明 props，props 中定义数据 myvar，代码如下：

```
Vue.component('child',{
    props:['myvar'],
    template:'<h1>{{myvar}}</h1>'
})
```

4）在 html 视图，使用自定义组件，同时使用 v-bind 将 myvar 和 xinxi 双向绑定。

5）改变 input 输入框的信息，自定义组件显示的内容也会同步更新。

完整示例代码如下：

```
<!DOCTYPE html>
<html>
<head>
    <meta charset="utf-8">
    <title>组件-动态props</title>
    <!--加载本地vue.js的框架-->
    <script src="vue2.2.2.min.js"></script>
</head>
<body>

<!--定义div代码块的id的值，这里定义的值为app，后面Vue会使用该值-->
<div id="app">
    <!--双向绑定属性xinxi-->
    <input v-model="xinxi"><br>
    <!--直接显示属性xinxi的值-->
    {{xinxi}}<hr>

    <!--给自定义组价，直接传数据-->
    <child myvar="hello vue"></child>
    <!--给自定义组价，将变量作为数据传递过去-->
    <!--改变顶部输入框的内容，下面组件的内容随之改变-->
    <child v-bind:myvar="xinxi"></child>
</div>

<script>
    //自定义组件
    Vue.component('child',{
        props:['myvar'],
        template:'<h1>{{myvar}}</h1>'
        })
    //实例化
```

```
    new Vue({
        el:"#app",
        data:{
            xinxi:'父组件的内容'
            }
        })
</script>

</body>
</html>
```

效果如图 8-4 和图 8-5 所示。

图 8-4　页面初始化效果图

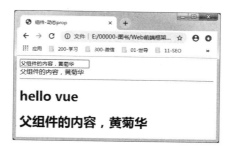

图 8-5　改变内容后的效果图

Chapter 9 第 9 章

自定义指令和响应接口

本章主要讲解自定义指令、钩子函数、响应接口、Vue.set、Vue.delete 的使用。

9.1 Vue.js 自定义指令

除了核心功能默认内置的指令 (v-model 和 v-show)，Vue 也允许用户注册自定义指令。注意，在 Vue 2.0 中，代码复用和抽象的主要形式是组件。然而，在某些情况下，你仍然需要对普通 DOM 元素进行底层操作，这时就会用到自定义指令。

Vue 自定义指令语法如下：

```
Vue.directive(id, definition)
```

传入的两个参数，id 是指令 ID，definition 是定义对象。其中，定义对象可以提供一些钩子函数。

下面，我们注册一个全局指令 v-focus, 该指令的功能是在页面加载时元素获得焦点，具体分为 2 个步骤。

1）注册一个全局的自定指令 v-focus，代码如下：

```
Vue.directive('focus', {//focus前面不用加v-
    // 当绑定元素插入 DOM 中时
    inserted: function (el) {
        // 聚焦元素
        el.focus()
    }
})
```

2）在 html 视图中的 input 里使用该自定义指令，代码如下：

```
<input v-focus>
```

完整示例代码如下：

```
<!DOCTYPE html>
<html>
<head>
    <meta charset="utf-8">
    <title>Vue.js 自定义指令</title>
    <!--加载本地vue.js的框架-->
    <script src="vue2.2.2.min.js"></script>
</head>
<body>

<!--定义div代码块的id的值，这里定义的值为app，后面Vue会使用该值-->
<div id="app">
    <p>页面载入时，input 元素自动获取焦点：</p>
    <input v-focus>
</div>

<script>
    //注册一个全局自定义指令 v-focus
    Vue.directive('focus', {//focus前面不用加v-
        //当绑定元素插入 DOM 时
        inserted: function (el) {
            //聚焦元素
            el.focus()
        }
    })
    //创建根实例
    new Vue({
        el: '#app'
    })
</script>

</body>
</html>
```

效果如图 9-1 所示。

图 9-1　自定义指令 v-focus 运行效果图

9.2 钩子函数

本节主要讲解常用的钩子函数和自定义指令的钩子函数的语法。

9.2.1 常用钩子函数

指令定义函数提供了几个钩子函数（可选）。

- ❑ bind：只调用一次，指令第一次绑定到元素时调用，可以用这个钩子函数定义一个在绑定时执行一次的初始化动作。
- ❑ inserted：被绑定的元素插入父节点时调用（父节点存在即可调用，不必存在于 document 中）。
- ❑ update：被绑定元素所在的模板更新时调用，而不论绑定值是否变化。通过比较更新前后的绑定值，可以忽略不必要的模板更新。
- ❑ componentUpdated：被绑定元素所在模板完成一次更新周期时调用。
- ❑ unbind：只调用一次，指令与元素解绑时调用。

9.2.2 钩子函数的参数

钩子函数的参数主要有以下几项。

- ❑ el：指令所绑定的元素，可以用来直接操作 DOM。
- ❑ binding：一个对象，包含以下属性。
  - ○ name：指令名，不包括 v- 前缀。
  - ○ value：指令的绑定值，例如 v-my-directive="1 + 1"，value 的值是 2。
  - ○ oldValue：指令绑定的前一个值，仅在 update 和 componentUpdated 钩子中可用，无论值是否改变都可用。
  - ○ expression：绑定值的表达式或变量名，例如 v-my-directive="1 + 1"，expression 的值是 "1 + 1"。
  - ○ arg：传给指令的参数，例如 v-my-directive:foo，arg 的值是 "foo"。
  - ○ modifiers：一个包含修饰符的对象，例如 v-my-directive.foo.bar，修饰符对象 modifiers 的值是 { foo: true, bar: true }。
- ❑ vnode：Vue 编译生成的虚拟节点。
- ❑ oldVnode：上一个虚拟节点，仅在 update 和 componentUpdated 钩子中可用。

下面的示例演示了这些参数的使用：首先，自定义指令 huang，该自定义指定输出 binding 的相关属性信息；然后在 html 视图中显示。

示例代码如下：

```
<div id="app"  v-huang:hello.a.b="message">
</div>

<script>
Vue.directive('huang', {
    bind: function (el, binding, vnode) {
        var s = JSON.stringify
        el.innerHTML =
            'name: ' + s(binding.name) + '<br>' +
            'value: ' + s(binding.value) + '<br>' +
            'expression: ' + s(binding.expression) + '<br>' +
            'argument: ' + s(binding.arg) + '<br>' +
            'modifiers: ' + s(binding.modifiers) + '<br>' +
            'vnode keys: ' + Object.keys(vnode).join(', ')
    }
})
new Vue({
    el: '#app',
    data: {
        message: '小白教程！'
    }
})
</script>
```

浏览器输出内容如下：

```
name: "huang"
value: "小白教程！"
expression: "message"
argument: "hello"
modifiers: {"a":true,"b":true}
vnode keys: tag, data, children, text, elm, ns, context, functionalContext, key,
componentOptions, componentInstance, parent, raw, isStatic, isRootInsert,
isComment, isCloned, isOnce
```

有时候我们不需要其他钩子函数，可以简写函数，格式如下：

```
Vue.directive('huang', function (el, binding) {
    // 设置指令的背景颜色
    el.style.backgroundColor = binding.value.color
})
```

指令函数可以接受所有合法的 JavaScript 表达式，下面的示例传入了 JavaScript 对象：

```
<div id="app">
    <div v-huang="{ color: 'gray', text: '小白教程！' }"></div>
</div>

<script>
Vue.directive('huang', function (el, binding) {
    //用简写方式设置文本及背景颜色
    el.innerHTML = binding.value.text
```

```
        el.style.backgroundColor = binding.value.color
    })
    new Vue({
        el: '#app'
    })
</script>
```

效果如图 9-2 所示。

图 9-2　页面运行效果图

9.3　Vue.js 响应接口

Vue 可以添加数据动态响应接口。

可以使用 $watch 属性来实现数据的监听，$watch 必须添加在 Vue 实例之外才能实现正确的响应。

下面的示例中，点击按钮，计数器会加 1，setTimeout 设置 10 秒后计算器的值加 20。具体有 4 个步骤。

1）在 Vue.js 的 data 区域定义一个变量 counter，同时给它一个初始值 1。

2）通过 {{…}} 语法，将变量 counter 的值显示在页面上。

3）创建 $watch 监听器监听变量 counter，代码如下：

```
vm.$watch('counter', function(nval, oval) {
    alert('计数器值的变化 :' + oval + ' 变为 ' + nval + '!');
});
```

4）在 html 视图中添加按钮，点击事件可改变变量 counter 的值，触发监听，代码如下：

```
<button @click = "counter++" style = "font-size:25px;">点我</button>
```

完整示例代码如下：

```
<!DOCTYPE html>
<html>
<head>
    <meta charset="utf-8">
    <title>Vue.js 响应接口</title>
    <!--加载本地vue.js的框架-->
    <script src="vue2.2.2.min.js"></script>
</head>
<body>

<!--定义div代码块的id的值，这里定义的值为app，后面Vue会使用该值-->
<div id="app">
```

```
    <p style = "font-size:25px;">
        计数器: {{ counter }}<!--直接显示计数器的值-->
    </p>
    <!--点击增加计数-->
    <button @click = "counter++" style = "font-size:25px;">点我</button>
</div>

<script>
    //实例化Vue对象
    var vm = new Vue({
        el: '#app',
        data: {
            counter: 1
        }
    });
    //监听属性counter值的变化，如果有变化弹出提示框
    vm.$watch('counter', function(nval, oval) {
        alert('计数器值的变化 :' + oval + ' 变为 ' + nval + '!');
    });
    //10 秒后计算器的值加上 20
    setTimeout(
        function(){
            vm.counter += 20;
        },10000
    );
</script>

</body>
</html>
```

效果如图 9-3 ~ 图 9-5 所示。

图 9-3　计数器页面初始化效果

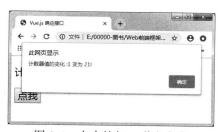

图 9-4　点击按钮，弹出内容

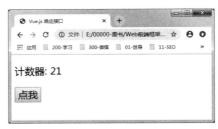

图 9-5　点击按钮，改变计算器内容

Vue 不允许在已经创建的实例上动态添加新的根级响应式属性。Vue 不能检测到对象属性的添加或删除，最好的方式就是在初始化实例前声明根级响应式属性，即使只是一个空值。如果需要在运行过程中实现属性的添加或删除，可以使用全局 Vue，如 Vue.set 和 Vue.delete 方法。

9.4　Vue.set

Vue.set 方法用于设置对象的属性，它可以解决 Vue 无法检测添加属性的问题，语法格式如下：

```
Vue.set( target, key, value )
```

其中，target 可以是对象或数组，key 可以是字符串或数字，value 可以是任何类型。

1. 示例：如何使用 Vue.set 来设置新的属性

示例代码如下：

```
<!DOCTYPE html>
<html>
<head>
    <meta charset="utf-8">
    <title>Vue.set</title>
    <!--加载本地vue.js的框架-->
    <script src="vue2.2.2.min.js"></script>
</head>
<body>

<!--定义div代码块的id的值，这里定义的值为app，后面Vue会使用该值-->
<div id="app">
    <p style = "font-size:25px;">
        计数器: {{ products.id }}<br>
    </p>
    <!--每次点击对象，products中的id属性值加1-->
    <button @click = "products.id++" style = "font-size:25px;">点我</button>
</div>
```

```
<script>
    //定义一个对象
    var myproduct = {"id":1, name:"book", "price":"20.00"};
    //实例化Vue对象
    var vm = new Vue({
        el: '#app',
        data: {
            counter: 1,
            products: myproduct //将定义的对象赋值给属性
        }
    });
    //给对象增加一个属性，我们可以在控制面板看到
    vm.products.qty = "1";
    console.log(vm);
    vm.$watch('counter', function(nval, oval) {
        alert('计数器值的变化 :' + oval + ' 变为 ' + nval + '!');
    });
</script>
</body>
</html>
```

初始化效果如图 9-3 所示，点击按钮 4 次后，计数器的数值会变化，效果如图 9-6 所示。

图 9-6　点击按钮后计数器的变化

2. 代码解析

在以上示例中，开始时使用以下代码创建了一个变量 myproduct：

```
var myproduct = {"id":1, name:"book", "price":"20.00"};
```

该变量赋值给了 Vue 实例的 data 对象：

```
var vm = new Vue({ el: '#app', data: { counter: 1, products: myproduct } });
```

如果我们想给 myproduct 数组添加一个或多个属性，可以在 Vue 实例创建后使用以下代码：

```
vm.products.qty = "1";
```

查看控制台输出，效果如图 9-7 所示。

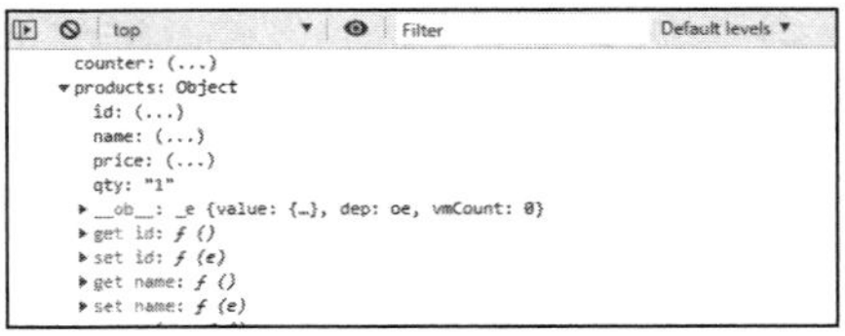

图 9-7　控制台输出结果

　　如图 9-7 所示，在产品中添加了数量属性 qty，但是 get/set 方法只可用于 id、name 和 price 属性，却不能在 qty 属性中使用。

　　我们不能通过添加 Vue 对象来实现响应。Vue 主要在开始时创建所有属性，可以通过 Vue.set 来实现这个功能。

　　我们下面做一个示例：通过 get/set 方法来操作属性。示例代码如下：

```html
<div id = "app">
<p style = "font-size:25px;">计数器: {{ products.id }}</p>
<button @click = "products.id++" style = "font-size:25px;">点我</button>
</div>
<script type = "text/javascript">
var myproduct = {"id":1, name:"book", "price":"20.00"};
var vm = new Vue({
    el: '#app',
    data: {
        counter: 1,
        products: myproduct
    }
});
Vue.set(myproduct, 'qty', 1);
console.log(vm);
vm.$watch('counter', function(nval, oval) {
    alert('计数器值的变化 :' + oval + ' 变为 ' + nval + '!');
});
</script>
```

　　从控制台输出的结果可以看出，get/set 方法可用于 qty 属性，效果如图 9-8 所示。

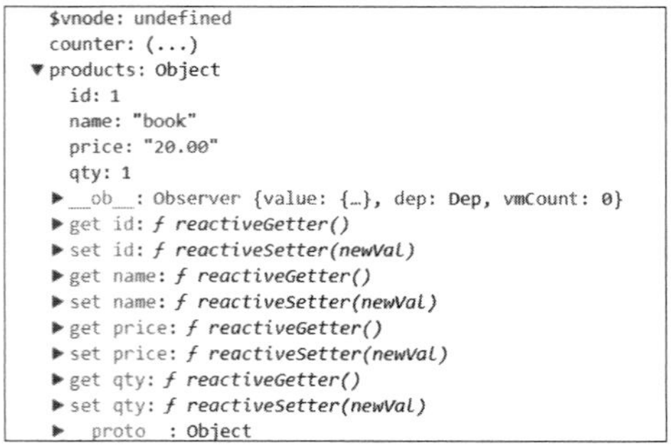

图 9-8　get/set 方法用于 qty 属性效果

9.5　Vue.delete

Vue.delete 用于删除动态添加的属性，语法格式如下：

```
Vue.delete( target, key )
```

其中，target 可以是对象或数组；key 可以是字符串或数字。

我们下面做一个示例：通过 delete 方法删除属性。示例代码如下：

```
<div id = "app">
    <p style = "font-size:25px;">计数器: {{ products.id }}</p>
    <button @click = "products.id++" style = "font-size:25px;">点我</button>
</div>
<script type = "text/javascript">
var myproduct = {"id":1, name:"book", "price":"20.00"};
var vm = new Vue({
    el: '#app',
    data: {
        products: myproduct
    }
});
Vue.delete(myproduct, 'price');
console.log(vm);
vm.$watch('products.id', function(nval, oval) {
    alert('计数器值的变化 :' + oval + ' 变为 ' + nval + '!');
});
</script>
```

在上面的示例中，我们使用 Vue.delete 来删除 price 属性。以下是控制台输出结果，如图 9-9 所示，可以看到 price 属性已删除，只剩下了 id 和 name 属性，price 属性的 get/set 方法也已删除。

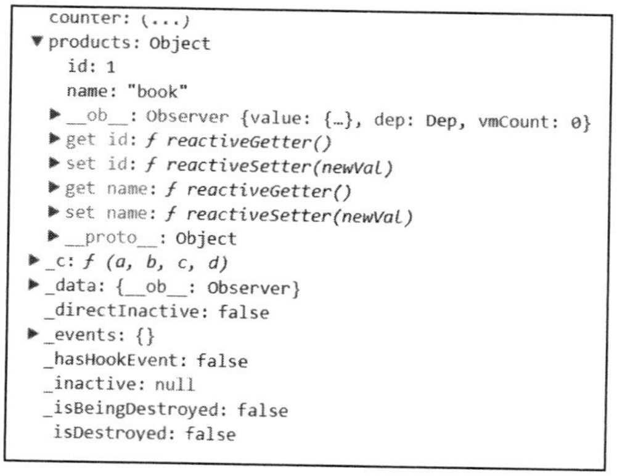

```
  counter: (...)
▼ products: Object
    id: 1
    name: "book"
  ▶ __ob__: Observer {value: {…}, dep: Dep, vmCount: 0}
  ▶ get id: f reactiveGetter()
  ▶ set id: f reactiveSetter(newVal)
  ▶ get name: f reactiveGetter()
  ▶ set name: f reactiveSetter(newVal)
  ▶ __proto__: Object
▶ _c: f (a, b, c, d)
▶ _data: {__ob__: Observer}
  _directInactive: false
▶ _events: {}
  _hasHookEvent: false
  _inactive: null
  _isBeingDestroyed: false
  isDestroyed: false
```

图 9-9　用 Vue.delete 删除 price 属性效果

Chapter 10 第 10 章

路由、动画和过渡

本章将介绍 Vue.js 路由。Vue.js 路由允许我们通过不同的 URL 访问不同的内容。通过 Vue.js 可以实现多视图的单页 Web 应用（single page web application，SPA）。Vue.js 路由需要载入 vue-router 库。

vue-router 库：https://github.com/vuejs/vue-router。

中文文档地址：https://router.vuejs.org/zh/。

本章还将讲解 Vue.js 中 CSS 动画和过渡的使用。

10.1　安装 vue-router

直接下载 / CDN，网址为 https://unpkg.com/vue-router/dist/vue-router.js。

NPM 方法，推荐使用淘宝镜像：

```
cnpm install vue-router
```

10.2　路由简单应用

Vue.js + vue-router 可以很简单地实现单页应用。<router-link> 是一个组件，该组件用于设置一个导航链接，切换不同的 HTML 内容。to 属性为目标地址，即要显示的内容。

我们做一个示例：将 vue-router 加进来，然后配置组件和路由映射，再告诉 vue-router 在哪里渲染它们。

HTML 代码如下：

```html
<script src="https://unpkg.com/vue/dist/vue.js"></script>
<script src="https://unpkg.com/vue-router/dist/vue-router.js"></script>

<div id="app">
    <h1>Hello App!</h1>
    <p>
        <!-- 使用 router-link 组件来导航 -->
        <!-- 通过传入 `to` 属性指定链接 -->
        <!-- <router-link> 默认会被渲染成一个 `<a>` 标签 -->
        <router-link to="/foo">Go to Foo</router-link>
        <router-link to="/bar">Go to Bar</router-link>
    </p>
    <!-- 路由出口 -->
    <!-- 路由匹配到的组件将渲染在这里 -->
    <router-view></router-view>
</div>
```

JavaScript 代码如下：

```javascript
// 0. 如果使用模块化机制编程, 导入 Vue 和 VueRouter, 要调用 Vue.use(VueRouter)

// 1. 定义（路由）组件。
// 可以从其他文件 import 进来
const Foo = { template: '<div>foo</div>' }
const Bar = { template: '<div>bar</div>' }

// 2. 定义路由。每个路由应该映射一个组件。
// 其中"component" 可以是通过 Vue.extend() 创建的组件构造器,
// 或者, 只是一个组件配置对象

const routes = [
    { path: '/foo', component: Foo },
    { path: '/bar', component: Bar }
]

// 3. 创建 router 实例, 然后传 `routes` 配置, 还可以传别的配置参数
const router = new VueRouter({
    routes // （缩写）相当于 routes: routes
})

// 4. 创建和挂载根实例。记得要通过 router 配置参数注入路由, 从而让整个应用都有路由功能
const app = new Vue({
    router
}).$mount('#app')

// 现在, 应用已经启动了
```

点击过的导航链接都会加上样式 class ="router-link-exact-active router-link-active"。

10.3 <router-link> 相关属性

接下来，我们介绍关于 <router-link> 组件的属性，如 to、replace、append、tag、active-class、exact-active-class、event 等。

1. to

to 表示目标路由的链接。当点击这个链接后，会立刻把 to 的值传到 router.push()，值可以是一个字符串，也可以是描述目标位置的对象。示例代码如下：

```
<!-- 字符串 -->
<router-link to="home">Home</router-link>
<!-- 渲染结果 -->
<a href="home">Home</a>

<!-- 使用 v-bind 的Vue.js 表达式 -->
<router-link v-bind:to="'home'">Home</router-link>

<!-- 不写 v-bind 也可以，就像绑定别的属性一样 -->
<router-link :to="'home'">Home</router-link>

<!-- 同上 -->
<router-link :to="{ path: 'home' }">Home</router-link>

<!-- 命名的路由 -->
<router-link :to="{ name: 'user', params: { userId: 123 }}">User</router-link>

<!-- 带查询参数，下面的结果为 /register?plan=private -->
<router-link :to="{ path: 'register', query: { plan: 'private' }}">Register
    </router-link>
```

2. replace

设置 replace 属性后，当点击时，会调用 router.replace() 而不是 router.push()，导航后不会留下 history 记录。示例代码如下：

```
<router-link :to="{ path: '/abc'}" replace></router-link>
```

3. append

设置 append 属性后，则在当前（相对）路径前添加基路径。例如，从 /a 导航到一个相对路径 b，如果没有配置 append，则路径为 /b；如果配置了 append，则路径为 /a/b。示例代码如下：

```
<router-link :to="{ path: 'relative/path'}" append></router-link>
```

4. tag

有时候想要将 <router-link> 渲染成某种标签，例如 <li>，可以使用 tag prop 类指定标签种类，同样，它还是会监听点击，触发导航。示例代码如下：

```
<router-link to="/foo" tag="li">foo</router-link>
<!-- 渲染结果 -->
<li>foo</li>
```

5. active-class

active-class 是设置链接激活时使用的 CSS 类名。示例代码如下：

```
<style>
    ._active{
        background-color : red;
    }
</style>
<p>
    <router-link v-bind:to = "{ path: '/route1'}" active-class = "_active">Router
        Link 1</router-link>
    <router-link v-bind:to = "{ path: '/route2'}" tag = "span">Router Link 2
        </router-link>
</p>
```

注意，这里 class 使用 active_class="_active"。

6. exact-active-class

配置当链接被精确匹配时应该激活的 class。示例代码如下：

```
<p>
    <router-link v-bind:to = "{ path: '/route1'}" exact-active-class =
        "_active">Router Link 1</router-link>
    <router-link v-bind:to = "{ path: '/route2'}" tag = "span">Router Link 2
        </router-link>
</p>
```

7. event

声明可以用来触发导航事件，可以是一个字符串，也可以是一个包含字符串的数组。示例代码如下：

```
<router-link v-bind:to = "{ path: '/route1'}" event = "mouseover">Router Link
    1</router-link>
```

以上代码设置了 event 为 mouseover，当鼠标移动到 Router Link 1 上时，导航的 HTML 内容会发生改变。

10.4　过渡

Vue 在插入、更新或者移除 DOM 时，提供多种应用过渡效果。Vue 提供了内置的过渡封装组件，该组件用于包裹要实现过渡效果的组件。语法格式如下：

```
<transition name = "nameoftransition">
    <div></div>
</transition>
```

我们通过下面的示例来理解 Vue 过渡是如何实现的。在下面示例中，点击"点我"按钮将
变量 show 的值从 true 变为 false。如果为 true，则显示子元素 p 标签的内容。示例代码如下：

```
<!DOCTYPE html>
<html>
<head>
    <meta charset="utf-8">
    <title>Vue.js 过渡</title>
    <!--加载本地vue.js的框架-->
    <script src="vue2.2.2.min.js"></script>
    <style>
        /* 可以设置不同的进入和离开动画 */
        /* 设置持续时间和动画函数 */
        .fade-enter-active, .fade-leave-active {
            transition:opacity 2s
          }
        .fade-enter, .fade-leave-to /* .fade-leave-active, 2.1.8 版本以下 */ {
            opacity:0
          }
    </style>
</head>
<body>

<!--定义div代码块的id的值，这里定义的值为app，后面Vue会使用该值-->
<div id="app">
    <!--每次点击show的值在true和false之间切换-->
    <button v-on:click="show=!show">点我</button>
    <!--Vue 提供了内置的过渡封装组件，该组件用于包裹要实现过渡效果的组件-->
    <transition name="fade">
        <!--要实现过渡效果的组件-->
        <p v-show="show" v-bind:style="styleobj">动画实例</p>
    </transition>
</div>

<script>
//实例化
var vm = new Vue({
    el:"#app",
    data:{
            show:true,
            styleobj:{ fontSize:'30px',color:'red'}
        }
    })
</script>

</body>
</html>
```

效果如图 10-1 和图 10-2 所示。

图 10-1　过渡示例的页面初始化效果

图 10-2　点击按钮后的过渡效果

上面代码中加粗的地方就是过渡效果。过渡其实就是一个淡入淡出的效果。Vue 在元素显示与隐藏的过渡中，提供了 6 个 class 来切换。

❑ v-enter：定义进入过渡的开始状态。在元素被插入之前生效，在元素被插入之后的下一帧移除。

❑ v-enter-active：定义进入过渡生效时的状态。在整个进入过渡的阶段中应用，在元素被插入之前生效，在过渡 / 动画完成之后移除。可以使用这个类定义进入过渡的过程时间、延迟和曲线函数。

❑ v-enter-to：2.1.8 版及更高版本支持。定义进入过渡的结束状态。在元素被插入之后下一帧生效（与此同时 v-enter 被移除），在过渡 / 动画完成之后被移除。

❑ v-leave：定义离开过渡的开始状态。在离开过渡被触发时立刻生效，在下一帧被移除。

❑ v-leave-active：定义离开过渡生效时的状态。在整个离开过渡阶段中应用，在离开过渡被触发时立刻生效，在过渡 / 动画完成之后移除。可以使用这个类来定义离开过渡的过程时间、延迟和曲线函数。

❑ v-leave-to：2.1.8 版及以上支持。定义离开过渡的结束状态。在离开过渡被触发之后下一帧生效（与此同时 v-leave 被删除），在过渡 / 动画完成之后被移除。流程如图 10-3 所示。

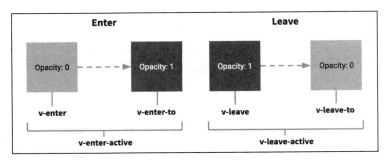

图 10-3 动画流程

对于这些在过渡中切换的类名来说，如果你使用一个没有名字的 <transition>，则 v- 是这些类名的默认前缀。如果使用了 <transition name="my-transition">，那么 v-enter 会替换为 my-transition-enter。

v-enter-active 和 v-leave-active 可以控制进入过渡与离开过渡的不同曲线。

10.5 Vue.js 中 CSS 动画的应用

CSS 动画用法类似于 CSS 过渡，但是在动画中 v-enter 类名在节点插入 DOM 后不会立即被删除，而是在 animationend 事件触发时被删除。例如，下面的代码实现了文字逐渐消失的动画效果：

```
<!DOCTYPE html>
<html>
<head>
    <meta charset="utf-8">
    <title>Vue.js css动画</title>
    <!--加载本地vue.js的框架-->
    <script src="vue2.2.2.min.js"></script>
    <style>
    .donghua-enter-active { animation:donghua01 3s;}
    .donghua-leave-active { animation:donghua01 3s reverse;}
    @keyframes donghua01{
        0%{ transform:scale(0.5);}
        50% { transform:scale(1);}
        100% { transform:scale(1.5);}
    }
    </style>
</head>
<body>

<!--定义div代码块的id的值，这里定义的值为app，后面Vue会使用该值-->
<div id="app">
    <!--每次点击，show的值在true和false之间切换-->
```

```
    <button v-on:click="show=!show">点我</button>
     <!--Vue 提供了内置的过渡封装组件，该组件用于包裹要实现过渡效果的组件-->
    <transition name="donghua">
        <!--要实现过渡效果的组件-->
        <p v-if="show">欢迎大家学习vue教程</p>
    </transition>
</div>

<script>
    new Vue({
        el:"#app",
        data:{
            show:true
            }
        })
</script>

</body>
</html>
```

初始化效果如图 10-4 所示。

图 10-4　动画示例初始化效果

点击"点我"按钮后，"欢迎大家学习 vue 教程"文字就逐渐消失了。

10.6　自定义过渡的类名

我们可以通过以下特性来自定义过渡类名：

❑ enter-class

❑ enter-active-class

❑ enter-to-class (2.1.8+)

❑ leave-class

❑ leave-active-class

❑ leave-to-class (2.1.8+)

自定义过渡的类名优先级高于普通的类名，这样就能很好地与第三方（如 animate.css）的动画库结合使用。示例代码如下：

```
<div id = "databinding">
<button v-on:click = "show = !show">点我</button>
<transition
    name="custom-classes-transition"
    enter-active-class="animated dada"
    leave-active-class="animated bounceOutRight"
>
    <p v-if="show">黄菊华教程 -- 学的不仅是技术，更是梦想！</p>
</transition>
</div>
<script type = "text/javascript">
new Vue({
    el: '#databinding',
    data: {
        show: true
    }
})
</script>
```

效果如图 10-5 所示。

图 10-5　自定义过渡类名效果

点击"点我"按钮后，文字部分执行动画后消失。

1. 同时使用过渡和动画

为了知晓过渡是否完成，Vue 设置了相应的事件监听器。可以是 transitionend 或 animationend，这取决于对元素应用的 CSS 规则。如果使用其中任何一种，Vue 能自动识别类型并设置监听。

但是在一些场景中，需要给同一个元素同时设置两种过渡效果，比如 animation 很快被触发并完成了，而 transition 效果还没结束。在这种情况下，就需要使用 type 特性并设置 animation 或 transition 来明确声明需要 Vue 监听的类型。

2. 显性的过渡持续时间

在很多情况下，Vue 可以自动得出过渡效果的完成时间。默认情况下，Vue 会等待其在过渡效果的根元素的第一个 transitionend 或 animationend 事件。然而也可以不这样设定，比如，我们可以拥有一个精心编排的一系列过渡效果，其中一些嵌套的内部元素相比于过渡效果的根元素具有延迟的或更长的过渡效果。

在这种情况下，可以用 <transition> 组件上的 duration 属性定制一个显性的过渡持续时间（以毫秒计），代码如下：

```
<transition :duration="1000">...</transition>
```

也可以定制进入和移出的持续时间：

```
<transition :duration="{ enter: 500, leave: 800 }">...</transition>
```

10.7　JavaScript 钩子

可以在属性中声明 JavaScript 钩子。

下面的示例代码展现了如何在 HTML 视图中使用钩子：

```
<transition
    v-on:before-enter="beforeEnter"
    v-on:enter="enter"
    v-on:after-enter="afterEnter"
    v-on:enter-cancelled="enterCancelled"

    v-on:before-leave="beforeLeave"
    v-on:leave="leave"
    v-on:after-leave="afterLeave"
    v-on:leave-cancelled="leaveCancelled"
>
    <!-- ... -->
</transition>
```

在脚本区域，我们常用的钩子函数包括：

```
// ...
methods: {
    // --------
    // 进入中
    // --------

    beforeEnter: function (el) {
        // ...
    },
    // 此回调函数是可选项的设置，与 CSS 结合时使用
    enter: function (el, done) {
        // ...
        done()
    },
    afterEnter: function (el) {
        // ...
    },
    enterCancelled: function (el) {
        // ...
    },

    // --------
```

```
    // 离开时
    // --------

    beforeLeave: function (el) {
        // ...
    },
    // 此回调函数是可选项的设置，与 CSS 结合时使用
    leave: function (el, done) {
        // ...
        done()
    },
    afterLeave: function (el) {
        // ...
    },
    // leaveCancelled 只用于 v-show 中
    leaveCancelled: function (el) {
        // ...
    }
}
```

1. 初始渲染的过渡

可以通过 appear 特性设置节点在初始渲染的过渡。示例代码如下：

```
<transition appear>
    <!-- ... -->
</transition>
```

这里默认和进入过渡、离开过渡一样，同样也可以自定义 CSS 类名。示例代码如下：

```
<transition
    appear
    appear-class="custom-appear-class"
    appear-to-class="custom-appear-to-class" (2.1.8+)
    appear-active-class="custom-appear-active-class"
>
    <!-- ... -->
</transition>
```

自定义 JavaScript 钩子，示例代码如下：

```
<transition
    appear
    v-on:before-appear="customBeforeAppearHook"
    v-on:appear="customAppearHook"
    v-on:after-appear="customAfterAppearHook"
    v-on:appear-cancelled="customAppearCancelledHook"
>
    <!-- ... -->
</transition>
```

2. 多个元素的过渡

我们可以设置多个元素的过渡、一般列表与描述。需要注意的是，当有相同标签名的元素切换时，需要通过 key 特性设置唯一的值来标记，以便 Vue 区分它们，否则 Vue 为了效率只会替换相同标签内部的内容。

下面的示例代码展现了常规的 transition 用法：

```
<transition>
    <table v-if="items.length > 0">
        <!-- ... -->
    </table>
    <p v-else>抱歉，没有找到您查找的内容。</p>
</transition>
```

下面的示例代码展现了如何在 transition 中添加 key 特性并使用：

```
<transition>
    <button v-if="isEditing" key="save">
        Save
    </button>
    <button v-else key="edit">
        Edit
    </button>
</transition>
```

在一些场景中，也可以通过给同一个元素的 key 特性设置不同的状态来代替 v-if 和 v-else，上面的例子可以重写如下：

```
<transition>
    <button v-bind:key="isEditing">
        {{ isEditing ? 'Save' : 'Edit' }}
    </button>
</transition>
```

使用多个 v-if 的多个元素的过渡，可以重写为绑定了动态属性的单个元素过渡。示例代码如下：

```
<transition>
    <button v-if="docState === 'saved'" key="saved">
        Edit
    </button>
    <button v-if="docState === 'edited'" key="edited">
        Save
    </button>
    <button v-if="docState === 'editing'" key="editing">
        Cancel
    </button>
</transition>
```

可以重写，示例代码如下：

```
<transition>
    <button v-bind:key="docState">
        {{ buttonMessage }}
    </button>
</transition>

// ...
computed: {
    buttonMessage: function () {
        switch (this.docState) {
            case 'saved': return 'Edit'
            case 'edited': return 'Save'
            case 'editing': return 'Cancel'
        }
    }
}
```

第 11 章 *Chapter 11*

Vue.js 中的插件 Axios

在用 Vue 进行开发的时候，官方推荐的前后端通信插件是 Axios。Axios 是一个基于 Promise 的 HTTP 库，可以用在浏览器和 Node.js 中。

Github 开源地址：https://github.com/axios/axios

文档：https://www.kancloud.cn/yunye/axios/234845

　　　　http://www.axios-js.com/zh-cn/docs/index.html

库地址：https://unpkg.com/axios/dist/axios.min.js

本章主要讲解插件 Axios 的安装、常用方法和使用等。

11.1　安装方法

使用 CDN：

```
<script src="https://unpkg.com/axios/dist/axios.min.js"></script>
```

或者

```
<script src="https://cdn.staticfile.org/axios/0.18.0/axios.min.js"></script>
```

使用 npm：

```
$ npm install axios
```

使用 bower：

```
$ bower install axios
```

使用 yarn：

```
$ yarn add axios
```

浏览器支持情况，如图 11-1 所示。

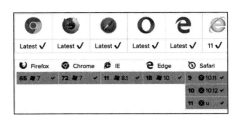

图 11-1　浏览器支持

11.2　常用方法

本节主要讲解在 Axios 中经常用到的各种方法，比如 GET 方法、POST 方法、执行并发请求、Axios 中常用的 API 方法等。

11.2.1　GET 方法

我们可以使用 GET 方法简单读取 json 数据。示例代码如下：

```
new Vue({
    el: '#app',
    data () {
        return {
            info: null
        }
    },
    mounted () {
        axios
            .get('https://域名/json_demo.json')
            .then(response => (this.info = response))
            .catch(function (error) { // 请求失败处理
            console.log(error);
        });
    }
})
```

使用 response.data 读取 json 数据。示例代码如下：

```
<div id="app">
    <h1>网站列表</h1>
    <div
        v-for="site in info"
```

```
    >
        {{ site.name }}
    </div>
</div>
<script type = "text/javascript">
new Vue({
    el: '#app',
    data () {
        return {
            info: null
        }
    },
    mounted () {
        axios
            .get('https://域名/json_demo.json')
            .then(response => (this.info = response.data.sites))
            .catch(function (error) { // 请求失败处理
             console.log(error);
        });
    }
})
</script>
```

GET 方法通过两种方式传递参数：一种是直接在 URL 上添加参数；另一种是通过 params 设置参数。示例代码如下：

```
// 直接在 URL 上添加参数，如添加参数ID=12345
axios.get('/user?ID=12345')
    .then(function (response) {
        console.log(response);
    })
    .catch(function (error) {
        console.log(error);
    });

// 也可以通过 params 设置参数
axios.get('/user', {
        params: {
            ID: 12345
        }
    })
    .then(function (response) {
        console.log(response);
    })
    .catch(function (error) {
        console.log(error);
    });
```

11.2.2 POST 方法

我们可以使用 POST 方法传递数据到服务器端，同时接受返回值，POST 示例代码如下：

```
new Vue({
    el: '#app',
    data () {
        return {
            info: null
        }
    },
    mounted () {
        axios
            .post('https://域名/demo_axios_post.php')
            .then(response => (this.info = response))
            .catch(function (error) { // 请求失败处理
             console.log(error);
            });
    }
})
```

使用 POST 方法，我们可以同时传递参数。示例代码如下：

```
axios.post('/user', {
        firstName: 'Fred',          // 参数firstName
        lastName: 'Flintstone'      // 参数lastName
    })
    .then(function (response) {
        console.log(response);
    })
    .catch(function (error) {
        console.log(error);
    });
```

11.2.3 执行多个并发请求

我们在实际项目中，如果需要同时获取多个数据，可以同时发起多个 GET 请求，即我们常说的执行多个并发请求。示例代码如下：

```
function getUserAccount() {
    return axios.get('/user/12345');
}

function getUserPermissions() {
    return axios.get('/user/12345/permissions');
}
axios.all([getUserAccount(), getUserPermissions()])
    .then(axios.spread(function (acct, perms) {
        // 两个请求现在都执行完成
    }));
```

11.2.4　Axios API

可以通过向 Axios 传递相关配置来创建请求，我们可以在 data 区域设置相关的配置，即常说的参数。示例代码如下：

```
axios(config)
// 发送 POST 请求
axios({
    method: 'post',
    url: '/user/12345',
    data: {
        firstName: 'Fred',
        lastName: 'Flintstone'
    }
});
// GET 请求远程图片
axios({
    method:'get',
    url:'http://网络图片地址',
    responseType:'stream'
})
    .then(function(response) {
     response.data.pipe(fs.createWriteStream('ada_lovelace.jpg'))
});
axios(url[, config])
// 发送 GET 请求 ( 默认的方法 )
axios('/user/12345');
```

11.2.5　请求方法的别名

为方便使用，官方为所有支持的请求方法提供了别名，可以直接使用别名来发起请求。示例代码如下：

```
axios.request(config)
axios.get(url[, config])
axios.delete(url[, config])
axios.head(url[, config])
axios.post(url[, data[, config]])
axios.put(url[, data[, config]])
axios.patch(url[, data[, config]])
```

注意，在使用别名方法时，url、method、data 这些属性都不必在配置中指定。

11.2.6　并发

在处理并发请求的时候，Axios 提供了请求的助手函数。示例代码如下：

```
axios.all(iterable)
axios.spread(callback)
```

11.2.7　创建实例

我们可以新建一个自定义配置，然后在 Axios 使用配置来新建一个 Axios 实例。示例代码如下：

```
axios.create([config])
const instance = axios.create({
    baseURL: 'https://some-domain.com/api/',
    timeout: 1000,
    headers: {'X-Custom-Header': 'foobar'}
});
```

11.3　实例方法

指定的配置可与实例的配置合并，示例代码如下：

```
axios#request(config)
axios#get(url[, config])
axios#delete(url[, config])
axios#head(url[, config])
axios#post(url[, data[, config]])
axios#put(url[, data[, config]])
axios#patch(url[, data[, config]])
```

下面是创建请求时可用的配置选项，注意只有 URL 是必需的。如果没有指定 method，请求将默认使用 GET 方法。常用的参数如下。

❑ url 是用于请求的服务器 URL：

```
url: "/user",
```

❑ method 是创建请求时使用的方法：

```
method: "get", // 默认是 get
```

❑ baseURL 将自动加在 url 前面，除非 url 是一个绝对 URL。

它可以设置一个 baseURL，便于为 axios 实例的方法传递相对 URL，示例代码如下：

```
baseURL: "https://some-domain.com/api/",
```

❑ transformRequest 允许在向服务器发送前，修改请求数据。只能用于 PUT、POST 和 PATCH 这几个请求方法。

后面数组中的函数必须返回一个字符串——或 ArrayBuffer，或 Stream，示例代码如下：

```
transformRequest: [function (data) {
    // 对 data 进行任意转换处理

    return data;
}],
```

❑ transformResponse 在传递给 then/catch 前，允许修改响应数据：

```
transformResponse: [function (data) {
    // 对 data 进行任意转换处理

    return data;
}],
```

❑ headers 是即将被发送的自定义请求头：

```
headers: {"X-Requested-With": "XMLHttpRequest"},
```

❑ params 是即将与请求一起发送的 URL 参数，必须是一个无格式对象 (plain object) 或 URLSearchParams 对象：

```
params: {
    ID: 12345
},
```

❑ paramsSerializer 是一个负责 params 序列化的函数：

```
// (e.g. https://www.npmjs.com/package/qs, http://api.jquery.com/jquery.param/)
paramsSerializer: function(params) {
    return Qs.stringify(params, {arrayFormat: "brackets"})
},
```

❑ data 是作为请求主体被发送的数据，只适用于 PUT、POST 和 PATCH 这些请求方法。

在没有设置 transformRequest 时，必须是以下类型之一。

　　○ string、plain object、ArrayBuffer、ArrayBufferView、URLSearchParams。

　　○ 浏览器专属：FormData、File、Blob。

　　○ Node 专属：Stream。

示例代码如下：

```
data: {
    firstName: "Fred"
},
```

❑ timeout 指定请求超时的毫秒数（0 表示无超时时间）。如果请求花费了超过 timeout 的时间，请求将被中断：

```
timeout: 1000,
```

❑ withCredentials 表示跨域请求时是否需要使用凭证：

```
withCredentials: false, // 默认的
```

❑ adapter 允许自定义处理请求，以使测试更轻松。返回一个 promise 并应用一个有效的响应（查阅 [response docs](#response-api)）。示例代码如下：

```
adapter: function (config) {
    /* ... */
},
```

❑ auth 表示应该使用 HTTP 基础验证，并提供凭据。这将设置一个 Authorization 头，覆写掉现有的任意使用 headers 设置的自定义内容，示例代码如下：

```
Authorization`头
    auth: {
        username: "janedoe",
        password: "s00pers3cret"
    },
```

❑ responseType 表示服务器响应的数据类型，可以是 arraybuffer、blob、document、json、text、stream。格式如下：

```
responseType: "json", // 默认的
```

❑ xsrfCookieName 是用作 xsrf token 的值的 cookie 的名称：

```
xsrfCookieName: "XSRF-TOKEN", // default
```

❑ xsrfHeaderName 是承载 xsrf token 的值的 HTTP 头的名称：

```
xsrfHeaderName: "X-XSRF-TOKEN", // 默认的
```

❑ onUploadProgress 允许为上传处理进度事件，格式如下：

```
onUploadProgress: function (progressEvent) {
    // 对原生进度事件的处理
},
```

❑ onDownloadProgress 允许为下载处理进度事件，格式如下：

```
onDownloadProgress: function (progressEvent) {
    // 对原生进度事件的处理
},
```

❑ maxContentLength 定义允许的响应内容的最大尺寸，例如：

```
maxContentLength: 2000,
```

❑ validateStatus 定义对于给定的 HTTP 响应状态码是 resolve 或 reject promise。如果 validateStatus 返回 true（或者设置为 null 或 undefined），promise 将被执行 resolve，否则，promise 将被执行 reject。示例代码如下：

```
validateStatus: function (status) {
    return status &gt;= 200 &amp;&amp; status &lt; 300; // 默认的
},
```

❑ maxRedirects 定义在 Node.js 中 follow 的最大重定向数目。如果设置为 0，将不会
follow 任何重定向，例如：

```
maxRedirects: 5, // 默认的
```

❑ httpAgent 和 httpsAgent 分别在 Node.js 中用于定义在执行 http 和 https 时使用的自
定义代理。允许像这样配置选项：

```
// keepAlive 默认没有启用
httpAgent: new http.Agent({ keepAlive: true }),
httpsAgent: new https.Agent({ keepAlive: true }),
```

❑ proxy 定义代理服务器的主机名称和端口。auth 表示 HTTP 基础验证应当用于连接
代理，并提供凭据。这将会设置一个 Proxy-Authorization 头，覆写掉已有的使用
header 设置的自定义 Proxy-Authorization 头。示例代码如下：

```
proxy: {
    host: "127.0.0.1",
    port: 9000,
    auth: : {
        username: "mikeymike",
        password: "rapunz3l"
    }
},
```

❑ cancelToken 指定用于取消请求的 cancel token，格式如下：

```
cancelToken: new CancelToken(function (cancel) {
    })
```

11.4　其他内容

1. 响应结构

Axios 请求的响应包含诸多信息。示例代码如下：

```
{
    // data为由服务器提供的响应
    data: {},

    // status为HTTP状态码
    status: 200,

    // statusText来自服务器响应的HTTP状态信息
```

```
        statusText: "OK",

    // headers为服务器响应的头
    headers: {},

    // config是为请求提供的配置信息
    config: {}
}
```

使用 then 时，会接收如下响应：

```
axios.get("/user/12345")
    .then(function(response) {
        console.log(response.data);
        console.log(response.status);
        console.log(response.statusText);
        console.log(response.headers);
        console.log(response.config);
    });
```

在使用 catch 时，或传递 rejection callback 作为 then 的第二个参数时，响应可以通过 error 对象被使用。

2. 配置的默认值

你可以指定将用于各个请求的配置默认值。

❑ 全局的 Axios 默认值。示例代码如下：

```
axios.defaults.baseURL = 'https://api.example.com';
axios.defaults.headers.common['Authorization'] = AUTH_TOKEN;
axios.defaults.headers.post['Content-Type'] = 'application/x-www-form-urlencoded';
```

自定义实例默认值。示例代码如下：

```
// 创建实例时设置配置的默认值
var instance = axios.create({
    baseURL: 'https://api.example.com'
});

// 在实例已创建后修改默认值
instance.defaults.headers.common['Authorization'] = AUTH_TOKEN;
```

3. 配置的优先顺序

配置会以一个优先顺序进行合并：首先是在 lib/defaults.js 找到的库的默认值；然后是实例的 defaults 属性；最后是请求的 config 参数。后者将优先于前者。示例代码如下：

```
// 使用由库提供的配置的默认值来创建实例，此时超时配置的默认值是 0
var instance = axios.create();

// 覆写库的超时默认值，现在，在超时前，所有请求都会等待 2.5 秒
```

```
instance.defaults.timeout = 2500;

// 为已知需要花费很长时间的请求覆写超时设置
instance.get('/longRequest', {
    timeout: 5000
});
```

4. 拦截器

在请求或响应被 then 或 catch 处理前拦截它们。示例代码如下：

```
// 添加请求拦截器
axios.interceptors.request.use(function (config) {
    // 在发送请求之前做些什么
    return config;
}, function (error) {
    // 对请求错误做些什么
    return Promise.reject(error);
});

// 添加响应拦截器
axios.interceptors.response.use(function (response) {
    // 对响应数据做点什么
    return response;
}, function (error) {
    // 对响应错误做点什么
    return Promise.reject(error);
});
```

可以在稍后移除拦截器。示例代码如下：

```
var myInterceptor = axios.interceptors.request.use(function () {/*...*/});
axios.interceptors.request.eject(myInterceptor);
```

可以为自定义 Axios 实例添加拦截器。示例代码如下：

```
var instance = axios.create();
instance.interceptors.request.use(function () {/*...*/});
```

错误处理。示例代码如下：

```
axios.get('/user/12345')
    .catch(function (error) {
        if (error.response) {
            // 请求已发出，但服务器响应的状态码不在 2xx 范围内
            console.log(error.response.data);
            console.log(error.response.status);
            console.log(error.response.headers);
        } else {
            // Something happened in setting up the request that triggered an Error
            console.log('Error', error.message);
        }
```

```
        console.log(error.config);
    });
```

可以使用 validateStatus 配置选项定义一个自定义 HTTP 状态码的错误范围。示例代码如下：

```
axios.get('/user/12345', {
    validateStatus: function (status) {
        return status < 500; // 状态码在大于或等于500时才会 reject
    }
})
```

5. 取消

使用 cancel token 取消请求。Axios 的 cancel token API 基于 cancelable promises proposal。

可以使用 CancelToken.source 工厂方法创建 cancel token。示例代码如下：

```
var CancelToken = axios.CancelToken;
var source = CancelToken.source();

axios.get('/user/12345', {
    cancelToken: source.token
}).catch(function(thrown) {
    if (axios.isCancel(thrown)) {
        console.log('Request canceled', thrown.message);
    } else {
        // 处理错误
    }
});

// 取消请求（message 参数是可选的）
source.cancel('Operation canceled by the user.');
```

还可以通过传递一个 executor 函数到 CancelToken 的构造函数来创建 cancel token。示例代码如下：

```
var CancelToken = axios.CancelToken;
var cancel;

axios.get('/user/12345', {
    cancelToken: new CancelToken(function executor(c) {
        // executor 函数接收一个 cancel 函数作为参数
        cancel = c;
    })
});

// 取消请求
cancel();
```

可以使用同一个 cancel token 取消多个请求。

6. 请求时使用 application/x-www-form-urlencoded

Axios 会默认序列化 JavaScript 对象为 json。 如果想使用 application/x-www-form-urlencoded 格式，可以使用下面的配置。

在浏览器环境，可以使用 URLSearchParams API。示例代码如下：

```
const params = new URLSearchParams();
params.append('param1', 'value1');
params.append('param2', 'value2');
axios.post('/foo', params);
```

URLSearchParams 并不支持所有的浏览器。

除此之外，还可以使用 qs 库来编码数据。示例代码如下：

```
const qs = require('qs');
axios.post('/foo', qs.stringify({ 'bar': 123 }));

// Or in another way (ES6),

import qs from 'qs';
const data = { 'bar': 123 };
const options = {
    method: 'POST',
    headers: { 'content-type': 'application/x-www-form-urlencoded' },
    data: qs.stringify(data),
    url,
};
axios(options);
```

7. Node.js 环境

在 Node.js 里，可以使用 querystring 模块。示例代码如下：

```
const querystring = require('querystring');
axios.post('http://something.com/', querystring.stringify({ foo: 'bar' }));
```

当然，同浏览器一样，还可以使用 qs 库。

8. Promises

Axios 依赖原生的 ES6 Promise 实现，如果你的环境不支持 ES6 Promise，可以使用 polyfill。

9. TypeScript 支持

Axios 包含 TypeScript 的定义。示例代码如下：

```
import axios from "axios";
axios.get("/user?ID=12345");
```

商城开发案例

　　这个部分带领大家尝试一个商城实战项目，商城的主要模块包含：首页、用户、产品和新闻、购物和订单处理等。包含一些基本功能，如图片轮播、精品推荐、用户注册与登录、产品详情与评论、加入购物车、收藏商品、订单管理、地址管理等；还包括完整的购物流程，如商品的加入、编辑、删除、批量选择，收货地址的选择，下单以及会员中心（订单、收藏、足迹、收货地址、意见反馈）功能的实现等。

　　对于商城和后台的数据接口，我们同步提供了 ASP 版本、PHP 版本、JSP 版本部署在互联网，供大家使用。案例的完整代码可参考前言里提到的网址。

首页开发

本章主要讲解商城首页的开发，通过实现首页的各个功能，让读者初步学会用 Vue.js 进行商城开发。

图 12-1 是首页的效果图，整个首页包含了 5 个模块。

❑ 顶部图片轮播：图片广告的实现。

❑ 快捷菜单：快捷菜单的实现和用户登录的判断。

❑ 最新资讯：最新资讯的获取和实现。

❑ 最新上架：最新上架产品的获取和实现。

❑ 精品推荐：精品推荐产品的获取和实现。

1. 准备工作

首先在整个页面的 \<head\>\</head\> 之间载入必要的资源。示例代码如下：

```
<head>
<meta charset="utf-8">
<title>黄菊华：Vue.js商城实战-首页</title>
<!--viewport就是浏览器上用来显示网页的那部分区域-->
<meta name="viewport" content="width=device-width, initial-scale=1, user-
scalable=no">
<link rel="stylesheet" href="css/shouye.css"> <!--载入个页面样式-->
<link rel="stylesheet" href="css/dibu_caidan.css"><!--载入底部菜单样式-->
<script src="vue2.2.2.min.js" ></script><!--载入vue.js框架-->
<script src="axios.min.js"></script><!--载入三方axios插件-->
<link rel="stylesheet" type="text/css" href="lunbo.css"><!--载入轮播的样式-->
</head>
```

a) 首页的第一页

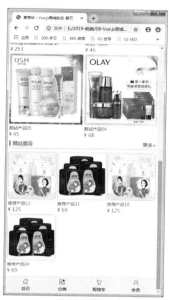

b) 首页的第二页

图 12-1 商城首页

商城首页完整代码参考 index.html。

2. HTML 中 meta="viewport" 简介

viewport 是浏览器上用来显示网页的部分区域。

❑ layout viewport：整个网页所占据的区域（包括可视也包括不可视的区域），默认值。

❑ visual viewport：网页在浏览器上的可视区域（浏览器中能够看见的区域）。

❑ ideal viewport：能完美适配移动设备的 viewport（没有固定尺寸，就是屏幕的宽度）。

示例代码如下：

```
<meta name="viewport" content="width=device-width, initial-scale=1.0, maximum-
    scale=1.0,minimum-scale=1.0,user-scalable=0" />
```

layout viewport 是默认的，但是由于移动设备比 PC 端的可视区域小，所以当页面在移动设备上时，字体会很小或出现横向滚动条。为解决此问题，一般会在 head 里加入 meta="viewport"，用来将 viewport 的宽度变成 ideal viewport 的宽度，防止横向滚动条出现。示例代码如下：

```
<meta name="viewport" content="width=device-width, initial-scale=1.0">
/*width=device-width能使所有浏览器当前的viewport宽度变成ideal viewport的宽度，initial-
    scale=1是将页面的初始缩放值设为1*/
```

其中，各参数介绍如下：

❑ width：设置 layout viewport 的宽度，为一个正整数，或字符串"width-device"。

❑ initial-scale：设置页面的初始缩放值，为一个数字，可以带小数。

❑ minimum-scale：允许用户的最小缩放值，是一个数字，可以带小数。

❑ maximum-scale：允许用户的最大缩放值，是一个数字，可以带小数。

❑ height：设置 layout viewport 的高度，这个属性对我们并不重要。

❑ user-scalable：是否允许用户进行缩放，若值为 no 代表不允许，若值为 yes 代表允许。

12.1 图片轮播

本节讲解如何实现图片轮播，思路和操作步骤如下。

1）在 Vue.js 的 data 代码中定义轮播图片对象数组，每个数组的成员是一个对象，对象包含了每一个轮播图片的数据——点击图片的链接地址，图片的说明，图片的地址。示例代码如下：

```
//轮播代码，是一个图片对象数组
//每个对象包含一个轮播的元素：点击轮播图片链接地址、轮播图片说明、轮播图片地址
slideList: [
    {
        "clickUrl": "#",              //点击轮播图片1链接地址
        "desc": "图片轮播说明1",        //轮播图片1说明
        "image": "img/ban1.jpg"       //轮播图片1地址
    },
    {
        "clickUrl": "#",              //点击轮播图片2链接地址
        "desc": "图片轮播说明2",        //轮播图片2说明
        "image": "img/ban2.jpg"       //轮播图片2地址
    },
    {
        "clickUrl": "#",              //点击轮播图片3链接地址
        "desc": "图片轮播说明3",        //轮播图片3说明
        "image": "img/ban3.jpg"       //轮播图片3地址
    }
],
```

2）在 Vue.js 的 data 代码中初始化默认显示的图片和定时器。示例代码如下：

```
currentIndex: 0,
//默认的轮播图片，0表示第1张图，1表示第2张图，这里最多是2（我们上面就定义了3张图）
timer: '',      //初始化定时器为空
```

3）在 Vue.js 的 methods 方法中定义图片轮播所用到的几个方法。示例代码如下：

```
//轮播方法：设定定时器和自动播放
go() {
```

```
        this.timer = setInterval(() => {
            this.autoPlay()
        }, 3000)
    },
    //轮播方法: 清除定时器
    stop() {
        clearInterval(this.timer)
        this.timer = null
    },
    //轮播方法: 选中某个图片
    change(index) {
        this.currentIndex = index
    },
    //轮播方法: 自动播放
    autoPlay() {
        this.currentIndex++
        if (this.currentIndex > this.slideList.length - 1) {
            this.currentIndex = 0
        }
    },
```

4）实现轮播。示例代码如下：

```
<div class="carousel-wrap">
    <transition-group tag="ul" class='slide-ul' name="list">
        <!-- 关键语句　v-show="index===currentIndex" 解析
        index是我们要循环的图片对象数组（slideList）下标（数组长度是3），下标也就是0，1，2
        currentIndex是我们初始化的数据，0表示选中第1张图，1表示选中第2张图，2表示选中第3张图
        当循环的数组下标index数值和初始设置currentIndex数值相等时，就作为默认显示的图
        -->
        <li v-for="(list,index) in slideList" :key="index"
v-show="index===currentIndex" @mouseenter="stop" @mouseleave="go">
            <!--list表示图片对象数组的每一个图片对象，包含
                "clickUrl": "#",               //点击轮播图片1链接地址
                "desc": "图片轮播说明1",        //轮播图片1说明
                "image": "img/ban1.jpg"        //轮播图片1地址
             -->
            <a :href="list.clickUrl" >
                <img :src="list.image" :alt="list.desc">
            </a>
        </li>
    </transition-group>
    <div class="carousel-items">
        <!--默认轮播图片有3个灰色的标记
        当index===currentIndex的时候，表示第几个是默认选项；如果是默认选项则显示"橙色"的
            标记-->
        <span v-for="(item,index) in slideList.length" :class="{'active':index==
=currentIndex}" @mouseover="change(index)"></span>
    </div>
</div>
```

slideList 是我们这里定义的本地的图片数据。我们这里提供了互联网的地址 http://
phpshop.yaoyiwangluo.com/wx_lunbo.php，大家可以尝试获取远程服务器的数据，
然后替换本地的数据。

12.2　快捷菜单

本节主要实现 4 个快捷菜单：最新产品、活动列表、帮助中心、用户中心。对于前 3
个菜单，所有用户可以直接点击对应的栏目；点击"用户中心"，需要判断用户是否登录，
如果登录则跳转到用户中心，如果没有登录则跳转到登录页面。用户登录的数据 13.2 节会
讲到，这些数据写在 localStorage 中。快捷菜单效果如图 12-2 所示。

图 12-2　快捷菜单

实现快捷菜单的操作步骤如下。

1）"最新产品、活动列表、帮助中心"是通用栏目，直接点击可以进入栏目。示例代
码如下：

```html
<a href="chanpin_list.html" class="caidan_lianjie">
    <img src="img/menu01.png"  class="caidan_img" />
    <p>最新产品</p>
</a>
<a href="xinwen_list.html?cs_lxid=11&cs_lxmc=活动列表" class="caidan_lianjie">
    <img src="img/menu02.png"  class="caidan_img" />
    <p>活动列表</p>
</a>
<a href="xinwen_list.html?cs_lxid=10&cs_lxmc=帮助中心" class="caidan_lianjie">
    <img src="img/menu03.png"  class="caidan_img" />
    <p>帮助中心</p>
</a>
```

2）"用户中心"需要判断用户是否登录，如果已经登录则直接进入"用户中心"栏目；
如果没有登录则弹出提示框"请登录"，点击确认后跳转到登录页面。逻辑如图 12-3 所示。

首先，我们定义已经登录和没有登录要显示的内容，同时每个区块有不同的 id 标志，
以便我们后面通过 JavaScript 来操作显示和隐藏。示例代码如下：

```html
<!--用户已经登录，我们通过JavaScript控制id="yhzx_yes"来显示-->
<a href="u_index.html" class="caidan_lianjie" id="yhzx_yes">
    <img src="img/menu04.png"  class="caidan_img" />
```

```
    <p>用户中心</p>
</a>

<!--用户没有登录，我们通过JavaScript控制id="yhzx_no"来隐藏-->
<a onClick="denglu0()" class="caidan_lianjie" id="yhzx_no">
    <img src="img/menu04.png"  class="caidan_img" />
    <p>用户中心</p>
</a>
```

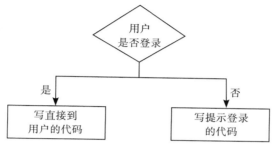

图 12-3　"用户中心"的操作逻辑

我们通过每个区块定义的 id，也就是 id="yhzx_yes" 和 id="yhzx_no" 来控制显示和隐藏。JavaScript 示例代码如下：

```
<script>
//自定义登录函数
function denglu0(){
    //弹出提示框"请登录"
    if(confirm("请登录")){
        //点击确认，跳转到登录页面；点击取消没有任何效果
        window.location.href = "u_login.html"
    }
}
//用户已经登录，则控制id="yhzx_yes"的区块显示，id="yhzx_no"的区块隐藏
if(localStorage.u_login=="yes"){
    document.getElementById("yhzx_yes").style.display="";
    document.getElementById("yhzx_no").style.display="none";
}else{//没有登录，则控制id="yhzx_yes"的区块隐藏，id="yhzx_no"的区块显示
    document.getElementById("yhzx_yes").style.display="none";
    document.getElementById("yhzx_no").style.display="";
}
</script>
```

12.3　最新资讯

本节主要讲解如何获取远程服务器资讯信息，然后填充到本地数据，最终循环显示出最新的资讯列表。效果如图 12-4 所示。

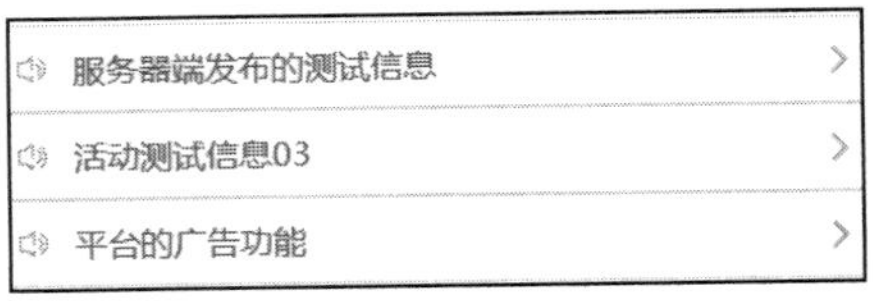

图 12-4 最新资讯

实现最新资讯的步骤如下。

1）了解接口。我们提供了 ASP、PHP、JSP 版本的接口，具体地址如下。

ASP 接口：http://vue.yaoyiwangluo.com/wx_news_list.asp。

PHP 接口：http://phpshop.yaoyiwangluo.com/wx_news_list.php。

JSP 接口：http://jspshop.yaoyiwangluo.com/wx_news_list.jsp。

涉及的主要参数如下。

❑ cs_shuliang：要获取的信息数量（数字）。

❑ cs_lxid：要获取的信息的类型 id（数字），案例提供了一个类型 id=11。

2）测试接口。根据上面提供的接口程序 + 参数，我们提供了一个真实的数据接口。

ASP 地址：http://vue.yaoyiwangluo.com/wx_news_list.asp?cs_shuliang=3&cs_lxid=11。

PHP 地址：http://phpshop.yaoyiwangluo.com/wx_news_list.php?cs_shuliang=3&cs_lxid=11。

JSP 地址：http://jspshop.yaoyiwangluo.com/wx_news_list.jsp?cs_shuliang=3&cs_lxid=11。

返回数据如下：

```
[
    {
        "myid" : 20,
        "mybiaoti" : "服务器端发布的测试信息",
        "myshijian" : "08-03"
    },
    {
        "myid" : 17,
        "mybiaoti" : "活动测试信息03",
        "myshijian" : "07-15"
    },
    {
        "myid" : 16,
        "mybiaoti" : "平台的广告功能",
        "myshijian" : "07-12"
    }
]
```

数据字段含义：

❑ myid：数据库中的数据 id。

❑ mybiaoti：资讯标题。

❑ myshijian：资讯发布的日期。

3）获取远程数据。在 data 中定义空数组 xinwens，用于存在我们获取的远程资讯列表。

```
data:{
    xinwens:[],//新闻列表
},
```

在 methods 中自定义方法 GetXinwens 获取远程数据，获取数据成功后赋值给 xinwens。示例代码如下：

```
//自定义的方法-开始
methods:{
//加载新闻列表
GetXinwens:function(){
    axios.get(`http://vue.yaoyiwangluo.com/wx_news_list.asp`,
        {
            params:
            {
                cs_shuliang:3,  //数量
                cs_lxid:11      //类型id
            }
        }
    ) //axios.get 结束

    .then(function (response)
        {
            //response.data 返回值,下面插入你要执行的代码
            //console.log(response.data); //可以输出到控制到查看
            this.xinwens = response.data;//返回值赋值给数组
        }
    .bind(this)) //then 结束,上面赋值结束后,这里一定要执行bind,否则无数据

    .catch(function (error)
        {
            console.log(error);
        }
    );  //catch 结束

}, //GetXinwens:function() 结束

},//自定义的方法-结束
```

在页面初始化代码 mounted 中加载自定义方法 GetXinwens，执行数据获取和赋值。示例代码如下：

```
//页面初始化要执行的
mounted:function(){
    this.GetXinwens();//this别忘记,方法名后面的()不能遗漏
},
```

4）循环显示。在显示页面中循环显示数组 xinwens 的内容即可，代码如下：

```
<!--最新资讯：循环显示-->
<div  v-for="xinwen in xinwens" >
<div class="tongzhi">
   <!--资讯链接-->
   <a v-bind:href="'xinwen_xiangqing.html?id='+xinwen.myid+'&mc='+ xinwen.
      mybiaoti"   class="tongzhi_lianjie">
      <img class="tongzhi_zuo" src="img/news.png" /><!--左侧图标-->
      <p class="tongzhi_neirong">{{xinwen.mybiaoti}}</p><!--资讯标题-->
      <img class="tongzhi_you" src="img/right.png" /><!--右侧图标-->
   </a>
</div>
</div>
```

12.4　最新上架

本节主要讲解如何获取远程服务器最新商品信息，然后填充到本地数据，最终循环显示出最新的商品列表。效果如图 12-5 所示。

图 12-5　最新上架

实现最新上架的步骤如下。

1）了解接口。获取最新的 4 个产品，我们提供了 ASP、PHP、JSP 版本的接口，地址如下。

ASP 接口：http://vue.yaoyiwangluo.com/wx_CpList_top4.asp。

PHP 接口：http://phpshop.yaoyiwangluo.com/wx_CpList_top4.php。

JSP 接口：http://jspshop.yaoyiwangluo.com/wx_CpList_top4.jsp。

参数：无。

2）测试接口。根据上面提供的接口程序，返回真实的数据，如下所示：

```
[
    {
        "cp_id" : 650,
        "cp_mingcheng" : "自然堂雪域精粹水乳套装",
        "jiage" : "253",
        "cp_tupian" : "http://vue.yaoyiwangluo.com/tupian/2019/133144725.jpg"
    },
    {
        "cp_id" : 645,
        "cp_mingcheng" : "测试产品06",
        "jiage" : "46",
        "cp_tupian" : "http://vue.yaoyiwangluo.com/tupian/2019/32043415.jpg"
    }
]
```

数据字段含义：

❏ cp_id：产品 ids。

❏ cp_mingcheng：产品名称。

❏ jiage：产品价格。

❏ cp_tupian：产品图片。

3）获取远程数据。在 data 中定义空数组 zxcps，存放我们获取的远程最新产品列表：

```
data:{
    zxcps:[],   //最新产品列表
},
```

在 methods 中自定义方法 GetCps_zuixin 获取远程数据，获取数据成功后赋值给 zxcps。
示例代码如下：

```
//自定义的方法–开始
methods:{
    //加载最新产品列表
    //加载最新产品列表,自定义方法开始
    GetCps_zuixin:function(){
        axios.get('http://vue.yaoyiwangluo.com/wx_CpList_top4.asp') //远程接口
            .then(function (response) {
                //response.data 返回值,下面插入你要执行的代码
                //console.log(response.data)//可以输出到控制到查看
                this.zxcps = response.data;//返回值赋值给数组
            }.bind(this)) //then 结束,上面赋值结束后,这里一定要执行bind,否则无数据
            .catch(function (error) {
                console.log(error);
            });//catch 结束
```

```
    },//GetCps_zuixin 加载最新产品列表，方法结束
},//自定义的方法，结束
```

在页面初始化代码 mounted 中加载自定义方法 GetCps_zuixin，执行数据获取和赋值。
示例代码如下：

```
//页面初始化要执行的
mounted:function(){
    this.GetCps_zuixin();//this别忘记，方法名后面的()不能漏
},
```

4）循环显示。在显示页面中循环显示数组 zxcps 的内容即可，代码如下：

```
<!--区块标题-->
<div class="qukuai">
    <p class="qukuai_zuo"></p>
    <p class="qukuai_zhong">最新上架</p>
    <a href="chanpin_list.html" class="qukuai_you"> 更多> </a>
</div>
<!--最新上架产品-->
<!--获取远程服务器的产品数据后，产品的对象数组内容存储在zxcps，循环显示即可-->
<div class="cp_zuixin">
    <!--产品链接，在页面后面需要跟上我们要打开的商品的参数：产品的id和产品的名称-->
    <!--产品id字段是id，产品名称字段是mc，第一个参数前是"?"，第二个参数是通过"&"连接-->
    <a v-bind:href="'chanpin_xiangqing.html?id='+zxcp.cp_id+'&mc='+zxcp.cp_
        mingcheng" class="cp_lianjie" v-for="zxcp in zxcps">
    <!--返回数据各字段含义如下-->
    <!--cp_id:产品id|cp_mingcheng:产品名称|jiage:产品价格|cp_tupian: 产品图片-->
        <img  v-bind:src="zxcp.cp_tupian" class="cp_img" />
            <!--产品图片，是含有http的绝对地址-->
        <p class="cp_mc">{{zxcp.cp_mingcheng}}</p><!--产品标题-->
        <p class="cp_mc2">¥ {{zxcp.jiage}}</p><!--产品价格-->
        </a>
</div>
```

12.5　精品推荐

本节主要讲解如何获取远程服务器推荐的商品信息，然后填充到本地数据，最终循环
显示出精品列表，思路和上一节类似，不同的只是接口，效果如图 12-6 所示。

实现精品推荐的步骤如下。

1）了解接口。获取最新推荐的 4 个产品，我们提供了 ASP、PHP、JSP 版本的接口。

ASP 接口：http://vue.yaoyiwangluo.com/wx_CpList_tuijian4.asp。

PHP 接口：http://phpshop.yaoyiwangluo.com/wx_CpList_top4.php。

JSP 接口：http://jspshop.yaoyiwangluo.com/wx_CpList_top4.jsp。

参数：无。

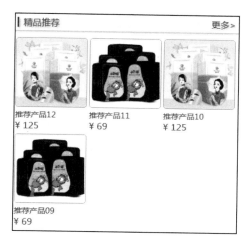

图 12-6　精品推荐

2）测试接口。根据上面提供的接口程序，返回的真实的数据如下：

```
[
    {
        "cp_id" : 652,
        "cp_mingcheng" : "推荐产品12",
        "jiage" : "125",
        "cp_tupian" : "http://vue.yaoyiwangluo.com/tupian/2019/03133114794.jpg"
    },
    {
        "cp_id" : 651,
        "cp_mingcheng" : "推荐产品11",
        "jiage" : "69",
        "cp_tupian" : "http://vue.yaoyiwangluo.com/tupian/2019/3049487.jpg"
    }
]
```

数据字段含义：

❑ cp_id：产品 id。

❑ cp_mingcheng：产品名称。

❑ jiage：产品价格。

❑ cp_tupian：产品图片。

3） 获取远程数据。在 data 中定义空数组 tjcps，用于存放我们远程获取的推荐产品列表：

```
data:{
    tjcps:[]   //最新推荐产品
},
```

在 methods 中自定义方法 GetCps_tuijian 获取远程数据，获取数据成功后赋值给 tjcps。
示例代码如下：

```
//自定义的方法-开始
methods:{
//加载推荐产品列表，自定义方法开始
GetCps_tuijian:function(){
    axios.get('http://vue.yaoyiwangluo.com/wx_CpList_tuijian4.asp')//远程接口
    .then(function (response) {
        //response.data 返回值，下面插入你要执行的代码
        //console.log(response.data);//可以输出到控制端查看
        this.tjcps = response.data;//返回值赋值给数组
    }.bind(this))//then 结束，上面赋值结束后，这里一定要执行bind，否则无数据
    .catch(function (error) {
        console.log(error);
    });//catch 结束
},//GetCps_tuijian 加载推荐产品列表，方法结束
},// 自定义的方法-结束
```

在页面初始化代码 mounted 中加载自定义方法 GetCps_tuijian，执行数据获取和赋值。
示例代码如下：

```
//页面初始化要执行的
mounted:function(){
    this.GetCps_tuijian();//this别忘记，方法名后面的()不能遗漏
},
```

4）循环显示。在显示页面中循环显示数组 tjcps 的内容即可，代码如下：

```
<!--精品推荐-->
<div class="qukuai2">
    <p class="qukuai_zuo"></p>
    <p class="qukuai_zhong">精品推荐</p>
    <a href="chanpin_list.html" class="qukuai_you"> 更多> </a>
</div>
<!--精品推荐产品-->
<!--获取远程服务器的推荐产品数据后，产品的对象数组内容存储在tjcps，循环显示即可-->
<div class="cp2_zuixin">
    <!--产品链接，在页面后面需要跟上我们要打开的商品的参数：产品的id和产品的名称-->
    <!--产品id字段是id，产品名称字段是mc，第一个参数前是 "?"，第二个参数通过 "&" 连接-->
    <a v-bind:href="'chanpin_xiangqing.html?id='+tjcp.cp_id+'&mc='+tjcp.cp_
        mingcheng" class="cp2_lianjie" v-for="tjcp in tjcps">
        <!--返回数据各字段含义如下-->
        <!--cp_id:产品id|cp_mingcheng:产品名称|jiage:产品价格|cp_tupian:产品图片-->
        <img  v-bind:src="tjcp.cp_tupian" class="cp2_img" />
        <!--产品图片，是含有http的绝对地址-->
        <p class="cp2_mc">{{tjcp.cp_mingcheng}}</p><!--产品标题-->
        <p class="cp_mc2">¥ {{tjcp.jiage}}</p><!--产品价格-->
    </a>
</div>
```

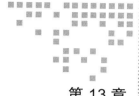

第 13 章 *Chapter 13*

用 户 管 理

本章主要讲解 Vue 商城用户的相关功能：用户注册、用户登录、用户退出、用户信息修改、用户密码修改、用户收藏管理、用户地址管理。

对于接口数据，我们准备了 JSP、PHP、ASP、.NET 几个不同的 Web 开发语言版本部署在互联网供大家使用，尽量适合广大的开发者。

涉及用户的包含以下几个模块。

- ❑ 用户注册：填写用户注册信息，通过接口实现数据的提交和入库。
- ❑ 用户登录：填写用户登录信息，通过接口判断是否登录，然后写入本地登录缓存。
- ❑ 用户退出：提示是否退出，确认后清除本地登录缓存信息。
- ❑ 用户信息修改：读取原有信息，确认提交，通过接口更新用户信息。
- ❑ 用户密码修改：填写新密码，确认提交，通过接口判断是否后更新用户密码。
- ❑ 用户收藏管理：用户收藏的产品列表，可以实现删除。
- ❑ 用户地址管理：录入用户的收货地址、修改收货地址、收货地址列表、收货地址删除。

13.1 用户注册

本节主要讲解如何实现用户注册功能，总体思路是：先判断用户的输入信息，如果输入信息没有错误，则通过注册接口提交注册数据；如果信息有错误，则返回重新填写。效果如图 13-1 所示，流程如图 13-2 所示。

图 13-1 用户注册页面

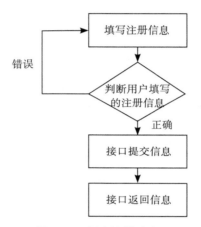

图 13-2 用户注册流程

实现用户注册的具体步骤如下。

第1步：判断用户填写的注册信息

会员注册界面中核心的字段代码如下：

```
<div id="app">
<!--需要将注册提交的用户信息，都写在id="app"(给vue.js使用)和form中-->
<!--点击表单的提交按钮"注册并登录"的时候，提交给自定义方法tijiao处理-->
<form @submit.prevent="tijiao" name="frm" >

<!--下面是用户注册信息：手机号-->
<input type="text" placeholder="请输入手机号码" name="shouji" v-model="u.shouji" />

<!--下面是用户注册信息：密码-->
<input type="text" placeholder="请输入新密码" name="mima1" v-model="u.mima1" />

<!--下面是用户注册信息：确认密码-->
```

```
<input type="text" placeholder="请再次输入新密码" name="mima2" v-model="u.mima2" />

<!--提交注册信息，给自定义方法tijiao处理-->
<button class="zhuce_fujia_btn">注册并登录</button>

</form>
</div><!--id="app"结束-->
```

对于注册界面中的代码，我们关注的是用户注册手机号、密码、确认密码输入框中对应的 name，我们在 Vue.js 代码操作中需要用到这些。

双向数据绑定 v-model 中的 u 是我们自定义的用户对象。对象的内容通过 v-model="u.shouji"、v-model="u.mima1" 和 v-model="u.mima2" 来实现，即 u 对象可以理解为：

```
{ shouji:'', mima1:'', mima2:''}
```

核心的 Vue.js 代码如下：

```
<script>
new Vue({
    el: '#app', //指定id="app"代码块内可以使用Vue.js语法
    data: {
        u:{}        //初始化用户注册对象为空
    },
    //页面初始化要执行的
    mounted:function(){
    },
    //自定义的函数（方法）
    methods:{
        tijiao:function(){
        //console.log(this.u); //可以在控制台输出信息调试
        //思路: (1)判断手机是否填写(2)判断手机号码格式是否正确
        if(this.u.shouji==undefined){    //没有填写手机号码
            alert("请填写手机号码");        //弹出提示
            return false;                 //终止执行
        }else{
            //判断手机号码格式(1)长度11位(2)号码段要正确
                if(this.u.shouji.length !=11){ //手机号码不是11位长度
                    alert("请输入11位长度手机号码!");//弹出提示
                    document.frm.shouji.focus();//手机号码输入框重新获得焦点
                    return false; //终止执行
                }
                var myreg=  /^(((13[0-9]{1})|(15[0-9]{1})|(18[0-9]{1}))+\d{8})$/;
                //上面语句定义匹配手机号码的正则表达式
                if(!myreg.test(this.u.shouji)){ //手机号码不匹配
                    alert("请输入有效的手机号码!"); //弹出提示
                    document.frm.shouji.focus();//手机号码输入框重新获得焦点
                    return false;//终止执行
                }
            }
```

```
            //判断密码是否填写和填写是否一致
            if(document.frm.mima1.value==""){ //输入的密码为空
                alert("请输入密码");              //弹出提示
                document.frm.mima1.focus();   //密码输入框重新获得焦点
                return false;
            }
            if(document.frm.mima1.value!=document.frm.mima2.value) //密码和确认密码不同
            {
                alert("两次输入的密码不同，请重新输入"); //弹出提示
                document.frm.mima1.value=""; //重置密码输入框内容为空
                document.frm.mima2.value=""; //重置密码确认输入框内容为空
                document.frm.mima1.focus();   //密码输入框重新获得焦点
                return false;
            }

            //判断没有错误，则提交注册
        }
    },
})
</script>
```

第2步：测试远程接口

对于用户名和密码注册接口，我们提供了 ASP、PHP、JSP 版本。

ASP 接口：http://vue.yaoyiwangluo.com/wx_check_reg_yonghu.asp。

PHP 接口：http://phpshop.yaoyiwangluo.com/wx_check_reg_yonghu.php。

JSP 接口：http://jspshop.yaoyiwangluo.com/wx_check_reg_yonghu.jsp。

涉及的主要参数如下。

❑ yhm：字符串，要注册的用户名。

❑ mm：字符串，要注册的账号密码。

根据上面提供的接口程序 + 参数，可以组合样本来测试，地址如下。

ASP 样本：http://vue.yaoyiwangluo.com/wx_check_reg_yonghu.asp?yhm=test001&mm=123456。

PHP 样本：http://phpshop.yaoyiwangluo.com/wx_check_reg_yonghu.php?yhm=test001&mm=123456。

JSP 样本：http://jspshop.yaoyiwangluo.com/wx_check_reg_yonghu.jsp?yhm=test001&mm=123456。

返回数据如下：

```
成功注册信息
{"zt":"yes","xinxi":"注册成功","uid":"758"}
失败注册信息
{"zt":"no","xinxi":"账号已注册","uid":"714"}
```

返回数据对象含义如下：

```
zt: yes | no (yes表示注册成功，no表示其他信息)
xinxi: 返回信息 (注册成功|账号已注册|其他信息)
uid: 注册成功，返回的用户在数据库中的id
```

第 3 步：提交远程数据和处理返回数据

示例代码如下：

```
//判断没有错误，则提交注册，测试样本为//http://vue.yaoyiwangluo.com/wx_check_reg_
yonghu.asp?yhm=test001&mm=123456
    axios.get('http://vue.yaoyiwangluo.com/wx_check_reg_yonghu.asp',//接口地址
        {
            params:{
                yhm:this.u.shouji,      //参数1：手机号
                mm:this.u.mima1         //参数2：密码
            }
        }
)
.then(function (response) { //返回数据处理
    //response.data 返回值，下面插入你要执行的代码
    console.log(response.data.xinxi);//在控制台输出返回信息
    if(response.data.zt=="yes"){   //注册成功
        alert("恭喜，注册成功！");   //弹出提示信息
    }
    if(response.data.zt=="no"){   //注册失败
        alert(response.data.xinxi);//弹出提示信息
    }
}.bind(this)) //then 结束
.catch(function (error) {
    console.log(error);
})
```

13.2　用户登录

本节主要讲解如何实现用户登录功能，总体思路是：首先判断是否输入用户名和密码；然后提交数据到接口判断是否有错误，如果没有错误，提示登录成功后跳转到用户首页，如果有错误，则返回重新填写。完整代码请参考代码包中的 u_login.html。效果如图 13-3 所示，流程如图 13-4 所示。

实现用户登录的具体步骤如下。

图 13-3　用户登录页面

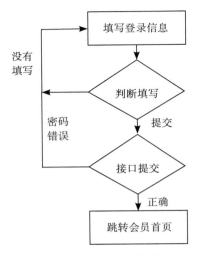

图 13-4 用户登录流程

第 1 步：获取用户登录信息和判断是否填写用户名与密码

会员登录界面中核心的字段代码如下：

```
<div id="app">
<!--需要将登录的用户信息代码，都写在id="app"(给vue.js使用)和form中-->
<!--点击表单的提交按钮"立即登录"的时候，提交给自定义方法tijiao处理-->
<form @submit.prevent="tijiao" name="frm">
    <!--下面是用户登录信息：手机号用户名-->
    <input type="text" placeholder="请输入用户名" name="shouji" v-model="u.shouji">
    <!--下面是用户登录信息：密码-->
    <input type="text" placeholder="请输入密码" name="mima" v-model="u.mima">
    <!--点击按钮，提交用户登录信息，给自定义方法tijiao处理-->
    <input type="submit"  value="立即登录"  style="border: 0;outline: none;">
</form>
</div> <!--id="app"结束-->
```

对于登录界面中代码，我们关注的是登录的手机号用户名、密码输入框中对应的 name，我们在 Vue.js 代码操作中需要用到这些。

双向数据绑定 v-model 中的 u 是我们自定义的用户对象。对象的内容通过 v-model="u.shouji" 和 v-model="u.mima" 来实现，即 u 对象可以理解为：

```
{ shouji:'', mima:'' }
```

核心的 Vue.js 代码如下：

```
<script>
new Vue({
    el: '#app', //指定id="app"代码块内可以使用Vue.js语法
    data: {
```

```
        u:{}        //初始化登录的用户对象为空
    },
    //页面初始化要执行的
    mounted:function(){},
    //自定义的函数（方法）
    methods:{
        //提交用户登录信息方法
        tijiao:function(){
            //如果手机用户名和密码没有填写完整
            if(this.u.shouji==undefined || this.u.mima==undefined){
                alert("请填写用户名或者密码");//弹出提示
                return false; //终止执行
            }
            //下面提交获取的用户登录信息到接口，验证登录
        }//tijiao 方法结束
    },//methods 结束
}) //new Vue 结束
</script>
```

第2步：测试远程接口

对于用户登录接口，我们提供了 ASP、PHP、JSP 版本。

ASP 接口：http://vue.yaoyiwangluo.com/wx_check_login_yonghu.asp。

PHP 接口：http://phpshop.yaoyiwangluo.com/wx_check_login_yonghu.php。

JSP 接口：http://jspshop.yaoyiwangluo.com/wx_check_login_yonghu.jsp。

涉及的主要参数如下。

❑ yhm：字符串，登录的用户名。

❑ mm：字符串，登录的密码。

根据上面提供的接口程序＋参数，自行组合数据接口，地址如下。

ASP 样本：http://vue.yaoyiwangluo.com/wx_check_login_yonghu.asp?yhm=test001&mm= 123456。

PHP 样本：http://phpshop.yaoyiwangluo.com/wx_check_login_yonghu.php?yhm=test&mm= 123456。

JSP 样本：http://jspshop.yaoyiwangluo.com/wx_check_login_yonghu.jsp?yhm=test&mm= 123456。

返回数据如下：

```
登录成功返回数据
{"zt":"yes","xinxi":"登录成功","uid":"714"}
登录失败返回数据
{"zt":"no","xinxi":"账号不正确","uid":"0"}
```

返回数据对象含义如下：

```
zt: yes | no (yes表示登录成功, no表示其他信息)
xinxi: 返回信息 (登录成功|账号不正确)
uid: 登录成功, 返回的用户在数据库中的id; 登录失败返回0
```

第 3 步：提交用户登录数据到远程数据和处理返回数据

提交用户登录数据到接口进行验证，如果登录成功，则将用户登录信息写入缓存 localStorage 中；如果登录失败，则弹出错误信息。示例代码如下：

```
//提交用户登录到远程接口，验证登录信息，下面是测试样本
//http://vue.yaoyiwangluo.com/wx_check_login_yonghu.asp?yhm=1&mm=2
axios.get('http://vue.yaoyiwangluo.com/wx_check_login_yonghu.asp',
//用户登录验证接口
    {
        params:{
            yhm:this.u.shouji,        //参数1：登录用户名
            mm:this.u.mima            //参数2：登录密码
        }
    }
)
.then(function (response) {
//response.data 返回值,下面插入你要执行的代码
console.log(response.data); //返回的数据 (对象)
console.log(response.data.xinxi); //返回的数据 (对象) 的xinxi字段内容
console.log(response.data.uid);//返回的数据 (对象) 的uid字段内容
if(response.data.zt=="yes"){ //登录成功
    alert("登录成功"); //弹出提示
    //写缓存信息
    localStorage.u_login = "yes"; //写登录成功后的标记
    localStorage.u_id = response.data.uid; //写登录成功后返回的用户id
    window.location = "u_index.html"; //登录成功后跳转到用户中心首页u_index.html
}
if(response.data.zt=="no"){//登录失败
    alert(response.data.xinxi);//弹出登录失败信息
}
}.bind(this))//then 结束
.catch(function (error) {
    console.log(error);
});
```

13.3 会员首页

本节主要对用户首页的功能进行概要介绍，主要是 3 个功能块：顶部的用户信息，我的订单菜单以及其他功能。完整代码请参考代码包中的 u_index.html。效果如图 13-5 所示。
实现用户首页的具体步骤如下：

图 13-5 会员首页

第 1 步:判断是否登录

进入会员首页,首先判断用户的登录状态,如果用户处于登录状态,则不做任何操作;如果不处于登录状态,为了防止误操作,需要弹出提示,并且跳转到用户登录页面。完整的 JavaScript 示例代码如下:

```
<script>
    //下面两行代码是我们登录时候写缓存的,作为参考
    //localStorage.u_login = "yes";
    //localStorage.u_id = response.data.uid;
    console.log(localStorage.u_id ); //可以在控制台输出登录的用户的id来测试
    //判断用户是否登录,如果没有登录则跳转到用户登录页面
    if(localStorage.u_login=="yes"){ //已经成功登录
        console.log("已经成功登录");
    }else{ //没有登录
        //console.log("没有登录"); //调试是有可以输出到控制台
        alert("没有登录,跳转到登录页面");//弹出没有登录提示
        window.location = "u_login.html"  //跳转到登录页面
    }
</script>
```

第 2 步:会员首页 – 头部用户信息

根据用户登录成功后写入缓存 localStorage 中的信息,调用接口,读取用户相关信息(比如头像信息、昵称、会员等级、手机等),然后写入代码块。

界面示例代码如下:

```
<div id="app">  <!--需要使用vue.js语法的内容,都需要写在id="app"代码块中-->
<!--会员首页-头部用户信息-->
<div class="yonghu">
```

```
    <div class="yonghu_touxiang">
        <img v-bind:src="mytouxiang" class="yonghu_touxiang_img" />
        <!--用户头像-->
    </div>
    <div class="yonghu_xinxi">
        <div class="yonghu_xinxi_nicheng">{{xingming}}</div><!--姓名-->
        <div class="yonghu_xinxi_dengji">等级：普通会员</div><!--会员等级-->
        <div class="yonghu_xinxi_shouji">手机：{{shouji}}</div><!--手机号码-->
    </div>
</div>
</div><!--id="app" 结束-->
```

第 3 步：获取用户信息

思路：在 Vue.js 中先初始化要获取的用户信息变量，然后在设计界面时于相应的位置放置对应的用户信息变量，通过接口获取用户的信息后赋值，显示即可。

返回的数据是一个用户对象。内容见下面的接口。

获取用户信息接口，ASP 接口为 http://vue.yaoyiwangluo.com/wx_u_xinxi_duqu.asp。

参数 uid：整型数字，用户 id（提供一个测试数据 =707）。

根据上面提供的接口程序 + 参数，我们提供了一个真实的数据接口，ASP 样本地址为 http://vue.yaoyiwangluo.com/wx_u_xinxi_duqu.asp?uid=707。

返回数据如下：

```
{
    "shouji":"13516821613",
    "mytouxiang":"http://vue.yaoyiwangluo.com/up/uploadfiles/x30474235.jpg",
    "xingming":"杭州摇亿.黄菊华",
    "xingbie":"1",
    "qq":"45157718",
    "email":"45157718@qq.com"
}
```

返回数据（对象）字段如下：

```
shouji: 字符串，手机
mytouxiang: 字符串，头像图片地址
xingming: 字符串，姓名或者昵称
xingbie: 整型数字，性别（1表示男，0表示女）
qq: 字符串，qq号
email: 字符串，email地址
```

示例代码如下：

```
<script>
new Vue({
    el: '#app', //指定id="app"代码块内可以使用Vue.js语法
    data: {
        shouji:"",   //初始化变量，用户手机号
```

```
            mytouxiang:"",//初始化变量，用户头像
            xingming:"",//初始化变量，用户姓名
            xingbie:1,//初始化变量，用户性别（1表示男，0表示女）
            qq:"",//初始化变量，用户QQ号
            email:"" //初始化变量，用户邮箱email
        },
        //页面初始化要执行的
        mounted:function(){
            //调用自定义方法GetUInfo获取用户信息
            this.GetUInfo();//this别忘记，方法名后面的()不能漏
        },
        //自定义的函数（方法）
        methods:{
            GetUInfo:function(){
            //调用接口，获取用户信息，下面是真实样本
            //http://vue.yaoyiwangluo.com/wx_u_xinxi_duqu.asp?uid=707
                axios.get('http://vue.yaoyiwangluo.com/wx_u_xinxi_duqu.asp', //远程接口
                    {
                        params:{
                            uid:localStorage.u_id  //参数：用户id
                        }
                    }
                )
                .then(function (response) {
                    //response.data 返回值，下面插入你要执行的代码
                    this.shouji = response.data.shouji; //赋值用户手机号
                    this.mytouxiang = response.data.mytouxiang;//赋值用户头像
                    this.xingming = response.data.xingming;//赋值用户姓名
                    this.xingbie = response.data.xingbie;//赋值用户性别（1表示男，0表示女）
                    this.qq = response.data.qq;//赋值用户QQ号
                    this.email = response.data.email;//赋值用户邮箱email
                }.bind(this)) //then 结束，上面赋值结束后，这里一定要执行bind，否则无数据
                .catch(function (error) {
                    console.log(error);
                });
            } //GetUInfo 结束
        },//methodsj结束
    })
</script>
```

第 4 步：会员首页 – 我的订单

给出我的订单的界面和相关页面的地址，示例代码如下：

```
<div class="caidan">
    <!--下面href后面是"待付款"处理的页面地址和参数-->
    <a href="u_dingdan_list.html?lxid=2" class="caidan_lianjie">
        <img class="caidan_img" src="img/d01.png" />
        <p class="caidan_mingcheng">待付款</p>
        <!--p class="caidan_tishi">5</p-->
    </a>
```

```
<!--下面href后面是"待发货"处理的页面地址和参数-->
<a href="u_dingdan_list.html?lxid=3" class="caidan_lianjie">
    <img class="caidan_img" src="img/d02.png" />
    <p class="caidan_mingcheng">待发货</p>
</a>
<!--下面href后面是"待收货"处理的页面地址和参数-->
<a href="u_dingdan_list.html?lxid=4" class="caidan_lianjie">
    <img class="caidan_img" src="img/d03.png" />
    <p class="caidan_mingcheng">待收货</p>
</a>
<!--下面href后面是"待评价"处理的页面地址和参数-->
<a href="u_dingdan_list.html?lxid=5" class="caidan_lianjie">
    <img class="caidan_img" src="img/d04.png" />
    <p class="caidan_mingcheng">待评价</p>
    <!--p class="caidan_tishi">5</p-->
</a>
</div>
```

第 5 步：会员首页 – 其他功能

示例代码如下：

我们这一小节主要是给出会员其他功能的界面和相关页面的地址，代码如下：

```
<!--下面href后面是"我的收藏"功能页面地址-->
<a class="daohang2" href="u_shoucang_list.html">
    <img src="img/m02.png" class="daohang2_img" />
    <div class="daohang2_biaoti">我的收藏</div>
    <img src="img/right.png" class="daohang2_you">
</a>
<!--下面href后面是"地址管理"功能页面地址-->
<a class="daohang2" href="u_dizhi_list.html">
    <img src="img/m03.png" class="daohang2_img" />
    <div class="daohang2_biaoti">地址管理</div>
    <img src="img/right.png" class="daohang2_you">
</a>
<!--下面href后面是"用户信息"功能页面地址-->
<a class="daohang2"  href="u_xinxi.html">
    <img src="img/m06.png" class="daohang2_img" />
    <div class="daohang2_biaoti">用户信息</div>
    <img src="img/right.png" class="daohang2_you">
</a>
<!--下面href后面是"密码修改"功能页面地址-->
<a class="daohang2" href="u_mima.html">
    <img src="img/m04.png" class="daohang2_img" />
    <div class="daohang2_biaoti">密码修改</div>
    <img src="img/right.png" class="daohang2_you">
</a>
<!--下面href后面是"退出登录"功能页面地址-->
<a class="daohang2" href="u_logout.html">
    <img src="img/m05.png" class="daohang2_img" />
```

```
    <div class="daohang2_biaoti">退出登录</div>
    <img src="img/right.png" class="daohang2_you">
</a>
```

13.4　用户退出

如果用户不需要进行操作，可以在会员首页的其他菜单中点击"退出登录"，执行其对应的页面 u_logout.html 来清除缓存，实现退出登录的功能，然后跳转到首页。JavaScript 示例代码如下：

```
<script>
    //下面是登录成功后写缓存的代码，供参考
    //localStorage.u_login = "yes";
    //localStorage.u_id = response.data.uid;

    //方法1：清除我们指定的缓存
    //localStorage.removeItem("u_login");
    //localStorage.removeItem("u_id");

    //方法2：清除所有的缓存，也包括清除了我们登录写的缓存
    localStorage.clear(); //清除所有缓存
    alert("成功退出");      //弹出提示
    window.location = "index.html"; //跳转到首页
</script>
```

13.5　用户信息修改

实现用户信息的修改，难点在于用户头像的上传，完整代码请参考代码包中的 u_xinxi. html，效果如图 13-6 所示。

图 13-6　用户信息修改页面

实现用户信息修改的具体步骤如下。

第 1 步：根据登录用户 id 读取用户信息

根据登录用户 id 读取用户信息的接口，请参考 13.3 节第 2 步。

我们首先分析界面的代码，需要注意的是每个用户信息所对应的 name 和 v-model 的内容，这些内容我们后面在 vue.js 代码中会用到；比如我的姓名对应的 name="xingming" v-model="xingming"。核心界面代码如下：

```
<div id="app"><!--需要使用vue.js语法的内容，都需要写在id="app"代码块之间-->
<!--需要将用户信息代码，都写在id="app"(给vue.js使用)和form中-->
<!--点击表单的提交按钮"修改用户信息"的时候，提交给自定义方法tijiao处理-->
<form @submit.prevent="tijiao" name="frm">
    <!--我的头像-->
    <img v-bind:src="mytouxiang"  style="width: 30px;height: 30px;" />
    <!--会员头像，用户初始化的时候会有一个空白头像-->
    <input type="file" @change="uploadFile($event)" multiple="multiple" />
    <!--上传会员新头像，更新头像；选中本地的新头像图片时候会触发uploadFile事件-->

    <!--我的姓名-->
    <input type="text" placeholder="请输入姓名" class="zhuce_shouji_shuru_input"
        name="xingming" v-model="xingming" />

    <!--我的性别-->
    <!--用户：性别-->
    <select name="xingbie" v-model="xingbie">
        <option value="1">男</option>
        <option value="2">女</option>
    </select>

    <!--我的 Q Q-->
    <!--用户：QQ号-->
    <input type="text" placeholder="请输入QQ号" class="zhuce_shouji_shuru_input"
        name="qq" v-model="qq" />

    <!--我的邮箱-->
    <!--用户：Email邮箱-->
    <input type="text" placeholder="请输入Email" class="zhuce_shouji_shuru_input"
        name="email" v-model="email"/>

    <!--会员-信息修改-提交-->
    <!--点击按钮，触发tijiao方法，提交用户修改信息-->
    <input class="zhuce_fujia_btn" type="submit" value="确认修改用户信息" >
</form>
</div><!--id="app" 结束-->
```

在 vue.js 代码中，先在 data 里初始化与用户信息相关的变量，然后通过接口获取用户的信息，赋值给用户信息的变量。示例代码如下：

```
<script>
new Vue({
```

```
        el: '#app', //指定id="app"代码块内可以使用Vue.js语法
        data: {
            shouji:"",      //初始化变量，用户手机号
            mytouxiang:"",//初始化变量，用户头像
            xingming:"",    //初始化变量，用户姓名
            xingbie:1,      //初始化变量，用户性别（1表示男，0表示女）
            qq:"",          //初始化变量，用户QQ号
            email:""        //初始化变量，用户邮箱email
        },
        //页面初始化要执行的
        mounted:function(){
            //调用自定义方法GetUInfo获取用户信息
            this.GetUInfo();//this别忘记，方法名后面的()不能漏
        },
        //自定义的函数（方法）
        methods:{
            //自定义方法GetUInfo，根据用户id获取用户信息
            GetUInfo:function(){
                //调用接口，获取用户信息，下面是真实样本
                //http://vue.yaoyiwangluo.com/wx_u_xinxi_duqu.asp?uid=707
                axios.get('http://vue.yaoyiwangluo.com/wx_u_xinxi_duqu.asp',//远程接口
                    {
                        params:{
                                uid:localStorage.u_id   //参数：用户id
                            }
                        }
                    )
                .then(function (response) {
                    //response.data 返回值，下面插入你要执行的代码
                    //console.log(response.data); //可以输出返回数据到控制台查看
                    this.shouji = response.data.shouji;             //赋值用户手机号
                    this.mytouxiang = response.data.mytouxiang;     //赋值用户头像
                    this.xingming = response.data.xingming;         //赋值用户姓名
                    this.xingbie = response.data.xingbie;
                    //赋值用户性别（1表示男，0表示女）
                    this.qq = response.data.qq;                     //赋值用户QQ号
                    this.email = response.data.email;               //赋值用户邮箱email
                }.bind(this)) //then 结束，上面赋值结束后，这里一定要执行bind，否则无数据
                .catch(function (error) {
                    console.log(error);
                });    //axios.get 结束
            },
            //自定义函数，上传图片头像

            //自定义函数，提交用户信息修改

        },//method 结束
    }) //new Vue 结束
</script>
```

第2步：修改信息和上传新头像

我们在第1步中获取了用户已有的信息后，可以重新填写信息，重新上传头像。核心点在于重新上传用户头像。

下面代码是显示已有头像和重新上传头像。重点在于点击头像选择本地电脑的图片的时候触发 @change="uploadFile($event)"，将选中的图片上传到远程服务器端，同时服务器端会返回图片在服务器的相对地址给客户端，客户端可以将新的头像显示在头像位置。

选择新头像后需要点击"确认修改用户信息"，将更新的用户信息和头像通过接口进行更新；否则修改的用户信息和头像将无效，重新刷新页面又会显示修改前的内容。示例代码如下：

```
<img   v-bind:src="mytouxiang"  style="width: 30px;height: 30px;" />
<!--会员头像，用户初始化的时候会有一个空白头像-->
<input type="file" @change="uploadFile($event)" multiple="multiple" />
<!--上传会员新头像，更新头像；选中本地的新头像图片时候触发uploadFile事件-->
```

接受头像上传接口为：http://vue.yaoyiwangluo.com/up/ajax_upload.asp

上传头像 Vue.js 示例代码如下：

```
//自定义函数，上传图片头像
//在界面中，通过 @change="uploadFile($event)" 来调用
uploadFile:function(event){
    this.file = event.target.files[0]; //要上传的图片
    let param = new FormData();         // 创建form对象
    param.append('imgFile', this.file);//对应后台接收图片名
    axios.post('http://vue.yaoyiwangluo.com/up/ajax_upload.asp',param)
    //上传图片的后台接口
    .then(function(res){
        console.log(res);//输出返回内容到控制台
        this.mytouxiang = "http://vue.yaoyiwangluo.com/up/" + res.data
        //返回图片需要http开头的绝对地址
    }.bind(this))//then 结束，上面赋值结束后，这里一定要执行bind，否则无数据
    .catch(function(error){
        console.log(error);
    });
}, //uploadFile 结束
```

第3步：提交数据和处理返回数据

用户的信息通过 v-model 绑定到对应的变量，比如姓名通过 v-model="xingming" 绑定到了变量 xingming。

更新用户信息接口为：http://vue.yaoyiwangluo.com/wx_u_xinxi_gengxin.asp。

核心 Vue.js 示例代码如下：

```
//自定义函数，提交用户信息修改
tijiao:function(){
```

```
console.log(this.xingming);
    axios.get('http://vue.yaoyiwangluo.com/wx_u_xinxi_gengxin.asp',
        {
            params:{
                uid:localStorage.u_id,           //参数：用户id
                mytouxiang:this.mytouxiang,      //参数：用户头像绝对地址
                xingming:this.xingming,          //参数：用户真实姓名
                xingbie:this.xingbie,            //参数：用户性别
                qq:this.qq,                      //参数：用户QQ号
                email:this.email                 //参数：用户Email
            }
        }
    )
    .then(function (response) {
        //response.data 返回值，下面插入你要执行的代码
        console.log(response.data); //在控制台输出返回信息
        alert("修改成功");                //弹出提示信息
        window.location ="u_index.html" //跳转到用户首页
    }.bind(this)) //then 结束，上面赋值结束后，这里一定要执行bind
    .catch(function (error) {
        console.log(error);
    });     //axios.get 结束
} //tijiao 结束
```

13.6　用户密码修改

本节主要讲解如何实现用户密码的修改。完整代码请参考代码包中的 u_mima.html。效果如图 13-7 所示。

图 13-7　用户密码修改页面

实现用户密码修改的具体步骤如下。

第1步：获取用户原始密码和新密码，判断是否填写

密码修改界面中核心的字段代码如下：

```
<div id="app"><!--需要使用vue.js语法的内容，都需要写在id="app"代码块之间-->
<form @submit.prevent="tijiao" name="frm">
```

```
<!--需要将用户要修改的密码代码，都写在id="app"(给vue.js使用)和form中-->
<!--点击表单的提交按钮"确认密码修改"的时候，提交给自定义方法tijiao处理-->

<!--原始密码-->
<input type="text" placeholder="请输入原始密码" class="zhuce_shouji_shuru_input"
    name="mima0" v-model="u.mima0" />

<!--新的密码-->
<input type="text" placeholder="请输入新密码" class="zhuce_shouji_shuru_input"
    name="mima1" v-model="u.mima1" />

<!--确认密码-->
<input type="text" placeholder="请再次输入确认密码" class="zhuce_shouji_shuru_
    input" name="mima2" v-model="u.mima2"/>

<!--会员-密码修改-提交-->
<!--点击按钮，触发tijiao方法，提交用户密码信息-->
<input class="zhuce_fujia_btn" type="submit" value="确认修改密码" >

</form>
</div><!--id="app" 结束-->
```

对于用户密码修改界面中的代码，我们要关注的是用户注册原始密码、新密码、确认密码输入框中对应的 name，我们在 Vue.js 代码操作中需要用到这些。

双向数据绑定 v-model 中的 u 是自定义的用户对象。对象的内容通过 u.mima0、v-model="u.mima1" 和 v-model="u.mima2" 来实现，即 u 对象可以理解为：

```
{ mima0:'', mima1:'', mima2:''}
```

核心的 Vue.js 代码如下：

```
<script>
new Vue({
    el: '#app',//指定id="app"代码块内可以使用Vue.js语法
    data: {
        u:{}   //初始化用户对象为空，通过v-model双向绑定指定具体内容
    },
    //页面初始化要执行的
    mounted:function(){
    },
    //自定义的函数（方法）
    methods:{
        //提交用户密码修改方法
        tijiao:function(){
            //判断是否填写
            if(this.u.mima0==undefined || this.u.mima1 == undefined || this.
                u.mima2==undefined){
                    alert("请输入信息");  //弹出提示
                    return false;         //终止执行
            }
```

```
//判断密码是否填写和填写是否一致
if(document.frm.mima1.value!=document.frm.mima2.value){
    alert("两次密码不同，请重新输入");   //弹出提示
    document.frm.mima1.value = "";       //重置新密码输入框
    document.frm.mima2.value = "";       //重置确认密码输入框
    document.frm.mima1.focus();          //新密码输入框获得焦点
    return false; //终止执行
}

//判断没有错误，则提交密码信息到接口处理，下面是真实测试样本

    } //tijiao 方法结束
},//methods 结束
}))//new Vue 结束
</script>
```

第 2 步：测试远程接口

用户密码修改 ASP 接口：http://vue.yaoyiwangluo.com/wx_check_mima_xiugai.asp。
涉及的主要参数如下。

❏ uid：整型数字，当前登录的用户 id（提供一个测试数据 =714）。

❏ mima0：字符串，原始密码（提供一个测试数据 =123456）。

❏ mima1：字符串，新密码（提供一个测试数据 =123456）。

根据上面提供的接口程序 + 参数，我们提供了一个数据接口，地址为 http://vue.
yaoyiwangluo.com/wx_check_mima_xiugai.asp?uid=714&mima0=123456&mima1=123456。

返回数据如下：

```
{"zt":"yes","xinxi":"密码修改成功"}
```

数据字段含义：

❏ zt 为 yes 表示密码修改成功，若为 no 表示其他信息。

❏ xinxi 为返回信息（密码修改成功）。

第 3 步：提交远程数据和处理返回数据

示例代码如下：

```
//判断没有错误，则提交密码信息到接口处理，下面是真实测试样本
//wx_check_mima_xiugai.asp?uid=706&mima0=123456&mima1=112233
axios.get('http://vue.yaoyiwangluo.com/wx_check_mima_xiugai.asp',
{
    params:{
        uid:localStorage.u_id, //参数1：要修改密码的用户id
        mima0:this.u.mima0,     //参数2：原始密码
        mima1:this.u.mima1      //参数3：新密码
    }
}
```

```
)
.then(function (response) {
//response.data 返回值，下面插入你要执行的代码
console.log(response.data); //输出到控制台用作调试
//下面是返回的数据处理
if(response.data.zt=="yes"){   //密码处理成功
    alert("密码修改成功");   //弹出提示
    window.location ="u_index.html"; //跳转到用户中心首页u_index.html
}
if(response.data.zt=="no"){       //密码处理失败
    alert(response.data.xinxi); //弹出错误提示
}

}.bind(this)) //then 结束
.catch(function (error) {
    console.log(error);
});
```

13.7 用户收藏管理

13.7.1 收藏列表

本节主要是讲解如何来实现"我的收藏"列表功能，完整代码请参考代码包中的 u_shoucang_list.html，效果如图 13-8 所示。

图 13-8　我的收藏列表页面

实现收藏列表的步骤如下。

第 1 步：分析前台显示界面
示例代码如下：

```
<div id="app"><!--需要使用vue.js语法的内容，都需要写在id="app"代码块之间-->
<!--我的收藏列表-->
```

```
<div v-for="sc in shoucangs">
    <!--每个收藏的产品布局: 1行3列-->
    <!--左侧: 产品图片; 中间: 产品信息; 右侧: 删除功能-->
    <div class="shoucang">
        <!--左侧: 产品图片-->
        <div class="shoucang_zuo">
        <img v-bind:src="sc.cp_tupian" class="shoucang_zuo_img" />
        </div>
        <!--中间: 产品信息-->
        <div class="shoucang_zhong">
        <div class="shoucang_zhong_txt1">
        {{sc.cp_mingcheng}}
        </div>
        <div class="shoucang_zhong_txt2">
        库存: {{sc.cp_kucun}} | 限购: {{sc.xiangou_shuliang}} 件
        </div>
        <div class="shoucang_zhong_txt3">
        单价: ¥ {{sc.jiage}}
        </div>
        </div>
        <!--右侧: 删除功能-->
        <!--删除调用自定义方法del, 弹出提示, 确认删除后执行删除功能-->
        <div class="shoucang_you">
        <a v-on:click="del('u_shoucang_del.html?id='+sc.sc_id)"
            style="cursor: pointer;">
        <img src="img/del.png"  class="shoucang_you_img" />
        </a>
        </div>
    </div>
</div><!--for循环结束-->
</div> <!--id="app" 结束-->
```

第 2 步: 测试远程接口

ASP 接口: http://vue.yaoyiwangluo.com/wx_shoucang_list.asp。

参数 uid: 整型数字, 当前要获取收藏列表的用户 id (提供一个测试数据 =707)。

根据上面提供的接口程序 + 参数, 我们提供了一个真实的数据接口, 地址为 http://vue.yaoyiwangluo.com/wx_shoucang_list.asp?uid=707。

返回数据如下:

```
[
    {
        "sc_id" : "98",
        "add_date" : "2019/9/10",
        "cp_mingcheng" : "自然堂雪域精粹水乳套装",
        "cp_tupian" : "http://vue.yaoyiwangluo.com/tupian/2019/xxx4725.jpg",
        "cp_kucu" : "100",
        "xiangou_shuliang" : "55",
```

```
        "jiage" : "253"
    } ,
    {
        "sc_id" : "87",
        "add_date" : "2019/7/26",
        "cp_mingcheng" : "推荐产品11",
        "cp_tupian" : "http://vue.yaoyiwangluo.com/tupian/2019/xx049487.jpg",
        "cp_kucu" : "100",
        "xiangou_shuliang" : "55",
        "jiage" : "69"
    }
]
```

数据字段含义：

❑ sc_id：整型数字，收藏id。

❑ add_date：字符串，收藏的时间。

❑ cp_mingcheng：字符串，收藏的产品名称。

❑ cp_tupian：字符串，收藏的产品图片。

❑ cp_kucu：字符串，收藏的产品库存。

❑ xiangou_shuliang：字符串，收藏的产品限购数量。

❑ jiage：字符串，收藏的产品价格。

第3步：通过接口获取远程数据，显示在前台

Vue.js 示例代码如下：

```
<script>
new Vue({
    el: '#app', //指定id="app"代码块内可以使用Vue.js语法
    data: {
        shoucangs:[]   //初始化收藏的产品列表，数组
    },
    //页面初始化要执行的
    mounted:function(){
        //调用自定义方法GetShoucang获取用户信息
        this.GetShoucang();//this别忘记，方法名后面的()不能遗漏
    },
    //自定义的函数（方法）
    methods:{
        //自定义方法GetShoucang: 根据用户di获取收藏列表
        GetShoucang:function(){
            axios.get('http://vue.yaoyiwangluo.com/wx_shoucang_list.asp',
            {
                params:{
                    uid:localStorage.u_id //参数: 用户id
                }
            }
            )
```

```
            .then(function (response) {
                //response.data 返回值，下面插入你要执行的代码
                console.log(response.data);//输出返回数据到控制台查看
                this.shoucangs=response.data; //将返回值赋值给初始化的数组变量
            }.bind(this)) //then 结束, 上面赋值结束后, 这里一定要执行bind, 否则无数据
            .catch(function (error) {
                console.log(error);
            });     //axios.get 结束
        }, //GetShoucang 结束

        //自定方法del

    }, //method 结束
}) //new Vue 结束
</script>
```

13.7.2 收藏删除

本节主要讲解如何实现"收藏删除"功能，完整代码请参考代码包中的 u_shoucang_del.html。

实现收藏删除的步骤如下。

第 1 步：删除界面和删除提示

界面核心示例代码如下：

```
<!--右侧: 删除功能-->
<!--删除调用自定义方法del, 弹出提示, 确认删除后执行删除功能-->
<div class="shoucang_you">
    <!--u_shoucang_del.html是删除要执行的页面, "?id="后面是要删除的收藏id-->
    <a v-on:click="del('u_shoucang_del.html?id='+sc.sc_id)"  style="cursor: pointer;">
        <!--删除的小图标-->
        <img src="img/del.png"  class="shoucang_you_img" />
    </a>
</div>
```

Vue.js 处理示例代码如下：

```
//自定义的函数（方法）
methods:{
    //自定方法del, 删除提示
    del:function(cs){ //参数cs是删除执行的页面, 需要带上删除的产品id作为参数
        if(confirm("确实是否删除收藏？")){       //确认
            window.location.href=cs;           //跳转到删除页面, 执行杀出
        }
    }, //del 结束
}, //method 结束
```

第 2 步：测试远程接口

ASP 接口：http://vue.yaoyiwangluo.com/wx_shoucang_del.asp。

涉及的主要参数如下。

❑ cs_uid：整型数字，当前要取消的订单的用户 id（提供一个测试数据 =707）。

❑ scid：整型数字，收藏 id。

根据上面提供的接口程序＋参数，我们提供了一个数据接口，地址为 http://vue.yao
yiwangluo.com/wx_shoucang_del.asp?uid=707&scid=87。

返回数据如下：

```
{"zt":"yes","xinxi":"删除成功"}
```

数据字段含义：

❑ zt：yes 表示删除成功，no 表示其他信息。

❑ xinxi：返回信息（删除成功）。

第 3 步：跳转到删除页面，执行删除

在删除页面，获取传递过来的要删除的收藏 id。核心 JavaScript 代码如下：

```
<script>
    //下面代码获取页面的参数
    urlinfo = window.location.href  //获取当前页面的url
    console.log(urlinfo);  //可以输出到控制台查看
    len = urlinfo.length;  //获取url的长度
    offset =urlinfo.indexOf("?");//设置参数字符串开始的位置
    neirong = urlinfo.substr(offset+1,len);
    //取出参数字符串 这里会获得类似 "id=1" 这样的字符串
    console.log(neirong); //可以输出到控制台查看
    neirong1 = neirong.split("&");//对获得的参数字符串按照 "=" 进行分隔

    cs1 = neirong1[0].split("="); //字符串拆分为数组
    cs1_mc = cs1[0]; //得到参数名字
    cs1_zhi = cs1[1];//得到参数值
    //可以输出到控制台查看
    console.log("参数1的名称: "+cs1_mc + " | 参数1的值: "+cs1_zhi);
</script>
```

根据上一步获取的要删除的收藏 id，调用接口，执行删除；根据返回的数据做不同的逻辑处理。核心代码如下：

```
<script>
new Vue({
    el: '#app',//指定id="app"代码块内可以使用Vue.js语法
    data: {
    },
    //页面初始化要执行的
    mounted:function(){
        //调用自定义方法dizhi_del删除指定的收藏id数据
        this.dizhi_del();//this别忘记,方法名后面的()不能遗漏
    },
```

```
//自定义的函数（方法）
methods:{
    //自定义方法dizhi_del，根据传入的参数，删除收藏数据
    dizhi_del:function(){
            //调用接口，传入参数
        axios.get('http://vue.yaoyiwangluo.com/wx_shoucang_del.asp',
        {
            params:{
                uid:localStorage.u_id,    //参数1：用户id
                scid:cs1_zhi              //参数2：收藏的id
            }
        }
        )
          .then(function (response) {
            //response.data 返回值，下面插入你要执行的代码
            //根据返回的数据做不同的处理
            if(response.data.zt=="yes"){ //删除成功
                //alert("收藏删除成功");  //可以隐藏弹出提示
                window.location = "u_shoucang_list.html";
                //跳转到用户收藏列表
            }
            if(response.data.zt=="no"){  //删除失败
                alert(response.data.xinxi); //弹出错误信息
                //window.location = "u_dizhi_list.html";
                //可以跳转到用户收藏列表
            }
        }.bind(this))
        .catch(function (error) {
            console.log(error);
        });     //axios.get 结束
    } //dizhi_del 结束
}, //methods 结束
}) //new Vue 结束
</script>
```

13.8 用户地址管理

13.8.1 地址添加

本节讲解如何录入收货人的地址信息，详细代码见 u_dizhi_add.html 页面。本节重点在于选择所在地区的 "省、市、区 / 县"3 级地址 id 联动。效果如图 13-9 所示。

首先在整个页面的 <head></head> 之间载入必要的资源：

图 13-9　用户收货地址添加页面

```
<script src="vue2.2.2.min.js" ></script><!--载入vue.js框架-->
```

```
<script src="axios.min.js"></script><!--载入三方axios插件-->
<script src="v-diqu.js"></script><!--载入自定义的3级地址联动JS代码-->
```

v-diqu.js 主要用于创建 xmlhttp 对象，然后定义获取 2 级地区和 3 级地区的 JavaScript
方法。示例代码如下：

```
//创建xmlhttp对象
function createxmlhttp()
{
    var activeKey=new Array("MSXML2.XMLHTTP.5.0",
                            "MSXML2.XMLHTTP.4.0",
                            "MSXML2.XMLHTTP.3.0",
                            "MSXML2.XMLHTTP",
                            "Microsoft.XMLHTTP");
    if(window.ActiveXObject)
    {
        for(var i=0;i<activeKey.length;i++)
        {
            try
            {
                xmlHttp=new ActiveXObject(activeKey[i]);
                if(xmlHttp!=null)
                    return xmlHttp;
            }
            catch(error)
            {
                continue;
            }
        }
        throw new Error("客户端浏览器版本过低,不支持XMLHttpRequest对象,请更新浏览器");
    }
    else if(window.XMLHttpRequest)
    {
        //alert("弹出提示信息");
        xmlHttp=new window.XMLHttpRequest();
    }
    return xmlHttp;
}

//根据传入的1级地区id(省),通过接口获取对应的所属的2级地区id(市、区)
function GetDiqu2(bigclassid){
    //alert(bigclassid); //用于测试弹出获取的1级地区的id
    if(bigclassid==0){//没有选择1级地区
        //没有选择1级地区,则默认显示下面的内容
        document.getElementById("subclass2").innerHTML="<select name='select2'
            onchange='get_j2(this.value);' ><option value='0'>地级</option></select>";
        return; //终止执行
    };
    var xmlhttpobj = createxmlhttp();
    if(xmlhttpobj){//如果创建对象xmlhttpobj成功
```

```
                //下面通过接口来获取2级地区的信息
        xmlhttpobj.open('get',"http:/vue.yaoyiwangluo.com/v-diqu2.asp?bigclassi
            d="+bigclassid+"&number="+Math.random(),true);//get方法，加个随机数
        xmlhttpobj.send(null);
        xmlhttpobj.onreadystatechange=function(){//客户端监控函数
        if(xmlhttpobj.readystate==4){//服务器处理请求完成
            if(xmlhttpobj.status==200){
                var html = xmlhttpobj.responseText;//获得返回值
                    document.getElementById("subclass2").innerHTML=html;
                                //将返回值赋值给页面
            }else{
                    document.getElementById("subclass2").innerHTML="
                    对不起，您请求的页面有问题...";
                }
            }else{
                document.getElementById("subclass2").innerHTML="加载中，请稍候...";
                                //服务器处理中
                var html = xmlhttpobj.responseText;//获得返回值
                    document.getElementById("subclass2").innerHTML=html;
                                //将返回值赋值给页面
            }
        }
    }
}

//根据传入的2级地区id，通过接口获取对应的所属的3级地区（区/县）
function GetDiqu3(bigclassid){
    //alert(bigclassid); //用于测试弹出获取的2级地区的id
    if(bigclassid==0){//没有选择2级地区
        //没有选择2级地区，则默认显示下面的内容
        document.getElementById("subclass3").innerHTML="<select name='select3'  >
            <option value='0'>县级</option></select>";
        return;//终止执行
    };
    var xmlhttpobj = createxmlhttp();
    if(xmlhttpobj){//如果创建对象xmlhttpobj成功
        //下面通过接口来获取3级地区的信息
        xmlhttpobj.open('get',"http://vue.yaoyiwangluo.com/v-diqu3.asp?bigclassid=
            "+bigclassid+"&number="+Math.random(),true);//get方法，加个随机数
        xmlhttpobj.send(null);
        xmlhttpobj.onreadystatechange=function(){//客户端监控函数
            if(xmlhttpobj.readystate==4){//服务器处理请求完成
                if(xmlhttpobj.status==200){
                    var html = xmlhttpobj.responseText;//获得返回值
                    document.getElementById("subclass3").innerHTML=html;
                                //将返回值赋值给页面
                }else{
                    document.getElementById("subclass3").innerHTML=" 对不起，您请
                        求的页面有问题...";
                }
            }else{
```

```
        document.getElementById("subclass3").innerHTML="
             加载中，请稍候...";//服务器处理中
        var html = xmlhttpobj.responseText;//获得返回值
        document.getElementById("subclass3").innerHTML=html;
             //将返回值赋值给页面
      }
    }
  }
}
```

实现地址添加的步骤如下。

第1步：了解4个接口的使用和测试

1）加载1级地区分类（省级）。

ASP接口：http://vue.yaoyiwangluo.com/v-diqu1.asp。

参数：元。

返回数据如下：

```
[
    {
        "myid" : 2110,
        "fenlei_mingcheng" : "北京"
    }
    ,
    {
        "myid" : 2118,
        "fenlei_mingcheng" : "湖南"
    }
}
//其余数据省略
]
```

数据字段含义：

❑ myid 为整型数字，1级地区id。

❑ fenlei_mingcheng 为字符串，省级名称。

2）加载2级地区分类（市级）。

ASP接口：http://vue.yaoyiwangluo.com/v-diqu2.asp。

参数：bigclassid：2级地区id，数字类型

根据上面提供的接口程序+参数，我们提供了一个真实的数据接口，地址如下：

http://vue.yaoyiwangluo.com/v-diqu2.asp?bigclassid=2135

其中，bigclassid=2135代表浙江。

返回数据如下：

```
<select name='select2'  onchange='GetDiqu3(this.value);'>
<option value='0' selected>--</option>
```

```
<option v-model='select2' value='2135|2254' >杭州市</option>
<option v-model='select2' value='2135|2264' >宁波市</option>
<option v-model='select2' value='2135|2265' >温州市</option>
<option v-model='select2' value='2135|2266' >嘉兴市</option>
<option v-model='select2' value='2135|2267' >湖州市</option>
<option v-model='select2' value='2135|2268' >绍兴市</option>
<option v-model='select2' value='2135|2269' >金华市</option>
<option v-model='select2' value='2135|2270' >衢州市 </option>
<option v-model='select2' value='2135|2271' >舟山市 </option>
<option v-model='select2' value='2135|2272' >台州市</option>
<option v-model='select2' value='2135|2273' >丽水市 </option>
</select>
```

3）加载 3 级地区分类（区 / 县级）。

ASP 接口：http://vue.yaoyiwangluo.com/v-diqu3.asp。

参数：无。

根据上面提供的接口程序 + 参数，我们提供了一个真实的数据接口，地址如下：

```
http://vue.yaoyiwangluo.com/v-diqu3.asp?bigclassid=2135|2254
```

其中，bigclassid=2135|2254 表示选择的是浙江 | 杭州。

返回数据如下：

```
<select name='select3'>
<option value='0' selected>--</option>
<option v-model='select3' value='3233' >桐庐县</option>
<option v-model='select3' value='3234' >淳安县</option>
<option v-model='select3' value='3236' >建德市</option>
<option v-model='select3' value='3237' >富阳区</option>
<option v-model='select3' value='3238' >临安区</option>
<option v-model='select3' value='5162' >拱墅区</option>
<option v-model='select3' value='5163' >上城区</option>
<option v-model='select3' value='5164' >下城区</option>
<option v-model='select3' value='5165' >江干区</option>
<option v-model='select3' value='5166' >西湖区</option>
<option v-model='select3' value='5167' >滨江区</option>
<option v-model='select3' value='5168' >萧山区</option>
<option v-model='select3' value='5169' >余杭区</option>
</select>
```

4）接口：录入地址。

ASP 接口：http://vue.yaoyiwangluo.com/wx_dizhi_add.asp。

涉及的主要参数如下。

❑ cs_uid：整型数字，当前登录用户 id。

❑ cs_xingming：字符串，当前收货人姓名。

❑ cs_shouji：字符串，当前收货人手机。

❑ cs_diqu1：整型数字，当前 1 级地区（省级）id。

❑ cs_diqu2：整型数字，当前 2 级地区（市）id。

❑ cs_diqu3：整型数字，当前 3 级地区（县 / 区）id。

❑ cs_dizhi：字符串，当前地址。

❑ cs_moren：整型数字，是否默认（1 默认收货地址，0 普通）。

返回数据如下：

```
{zt: "yes", xinxi: "地址录入成功"}
```

数据字段含义：

❑ zt：若为 yes 表示地址录入成功，若为 no 表示其他信息。

❑ xinxi：返回信息（地址录入成功）。

第 2 步：了解前端界面和 3 级地址 id 联动 JavaScript 代码

前端界面核心代码如下：

```
<div id="app"><!--需要使用vue.js语法的内容，都需要写在id="app"代码块之间-->
<form @submit.prevent="tijiao" name="frm"     >
<!--需要将录入收货人的信息代码，都写在id="app"(给vue.js使用)和form中-->
<!--点击表单的提交按钮"保存此地址"的时候，提交给自定义方法tijiao处理-->

<!--收货人-->
<input type="text" class="dizhi_xiangmu_you_input" placeholder="请输入收货人"
name="xingming" v-model="xingming" />

<!--手机号-->
<input type="text" class="dizhi_xiangmu_you_input" placeholder="请输入手机号"
name="shouji" v-model="shouji" />

<!--所在地区，3级地址联动-->
<!--所在地区，1级地区（省）-->
<select name="select1"  v-model="select1" onChange="GetDiqu2(this.value)" >
    <option value="0">省级</option>
    <option v-bind:value="diqu1.myid"  v-for="diqu1 in diqu1s" >
        {{diqu1.fenlei_mingcheng}}
    </option>
</select>
<!--所在地区，2级地区（市）-->
<select name="select2"  v-model="select2" onChange="GetDiqu3(this.value)" >
    <option value="0">地级</option>
</select>
<!--所在地区，3级地区（区/县）-->
<select name="select3"  v-model="select3" >
    <option value="0">县级</option>
</select>

<!--详细地址-->
<input type="text" class="dizhi_xiangmu_you_input" placeholder="请输入详细地址"
name="dizhi" v-model="dizhi" />
```

```
<!--设为默认-->
<input type="checkbox" name="mr" v-model="mr" id="moren" />
<label for="moren"><em></em></label>

<!--录入收货人地址信息-->
<!--点击按钮，触发tijiao方法，将联系人信息写入地址库-->
<button class="caozuo_baocun_btn">保存此地址</button>
</form>
</div><!--id="app" 结束-->
```

Vue.js 核心代码如下：

```
<script>
new Vue({
    el: '#app',//指定id="app"代码块内可以使用Vue.js语法
    data: {
        diqu1s:[],  //初始化数组变量，省级城市
        select1:"0",//初始化1级地区默认选择项目
        select2:"0",//初始化2级地区默认选择项目
        select3:"0",//初始化3级地区默认选择项目

        xingming:"", //初始化变量，收货人姓名
        shouji:"",   //初始化变量，收货人手机
        dizhi:"",    //初始化变量，收货人详细地址
        mr:true      //初始化变量，默认收货人
    },
    //页面初始化要执行的
    mounted:function(){
        //调用自定义方法GetDiqu1获取1级地区
        this.GetDiqu1();//this别忘记，方法名后面的()不能漏
    },
    //自定义的函数（方法）
    methods:{
        //自定义方法GetDiqu1，加载1级地区分类
        GetDiqu1:function(){
            //通过接口加载1级地区数据
            axios.get('http://vue.yaoyiwangluo.com/v-diqu1.asp')
                .then(function (response) {
                  //response.data 返回值，下面插入你要执行的代码
                this.diqu1s = response.data //将返回值赋值给数组变量diqu1s
                }.bind(this))//then 结束，上面赋值结束后，这里一定要执行bind，否则无数据
                .catch(function (error) {
                    console.log(error);
            });    //axios.get 结束
        },//GetDiqu1 结束

        //自定义函数tijiao，提交收货人地址数据到接口

    },//method 结束
}))//new Vue 结束
</script>
```

第 3 步：提交地址信息到接口
Vue.js 核心示例代码如下：

```
//自定义函数tijiao，提交收货人地址数据到接口
tijiao:function(){
    console.log(this.xingming);//可以输出姓名到控制台用作调试
    //判断是否有内容没有填写或者地区没有选择
    //考虑直辖市等，这里只要求1级地区和2级地区必须选择
        if(this.xingming==""||this.shouji==""||this.dizhi==""||document.frm.select1.
        value=="0"||document.frm.select2.value=="0"){
            alert("请填写内容和选择地址");//弹出错误提示
            return false; //终止执行
    }else{
        var diqu2 = ""; //用于存在2级地区的id
        var diqu2s = new Array(); //初始化1个空数组
        //2级地区id的格式2135|2254，包含了1级地区的id和2级地区的id
        //我们需要将2级地区的id单独取出
        diqu2s = document.frm.select2.value.split("|");//拆分数组
        console.log(diqu2s[1]);//控制台输出拆分的数组中的值，用作调试
        //提交数据
        axios.get('http://vue.yaoyiwangluo.com/wx_dizhi_add.asp',//接口
            {
                params:{
                    cs_uid:localStorage.u_id, //参数：用户id
                    cs_xingming:this.xingming,//参数：用户姓名
                    cs_shouji:this.shouji,    //参数：用户手机
                    cs_diqu1:document.frm.select1.value, //参数：1级地区id
                    cs_diqu2:diqu2s[1], //参数：2级地区id
                    cs_diqu3:document.frm.select3.value, //参数：3级地区id
                    cs_dizhi:this.dizhi, //参数：详细地址
                    cs_moren:this.mr        //参数：是否默认收货人
                }
            }
        )
        .then(function (response) {
            //response.data 返回值，下面插入你要执行的代码
            console.log(response.data);//控制台输出调试信息
            console.log(response.data.xinxi);//控制台输出调试信息
            //下面是返回信息处理
            if(response.data.zt=="yes"){ //录入成功
                alert("新地址录入成功"); //弹出提示信息
                window.location = "u_dizhi_list.html";//跳转到用户地址列表
            }
            if(response.data.zt=="no"){        //录入失败
                alert(response.data.xinxi);//弹出错误信息
            }
        }.bind(this))//then 结束，上面赋值结束后，这里一定要执行bind，否则无数据
        .catch(function (error) {
            console.log(error);
        });    //axios.get 结束
    }
} //tijiao结束
```

13.8.2　地址列表

本节讲解如何实现用户地址列表的功能，完整的代码参考 u_dizhi_list.html 页面，效果如图 13-10 所示。

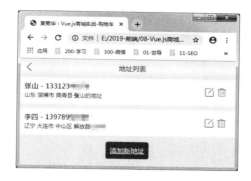

图 13-10　用户收货地址列表页面

实现地址列表的步骤如下。

第 1 步：远程接口

ASP 接口：http://vue.yaoyiwangluo.com/wx_dizhi_list_vue.asp。

参数：cs_uid，整型数字，当前要取消的订单的用户 id（提供一个测试数据 =707）。

根据上面提供的接口程序 + 参数，我们提供了一个真实的数据接口，地址为 http://vue.yaoyiwangluo.com/wx_dizhi_list_vue.asp?cs_uid=707。

返回数据如下：

```
[
    {
        "dizhi_id": "220",
        "xingming" : "黄菊华",
        "shouji" : "13516821613",
        "diqu1" : "2135",
        "diqu2" : "2254",
        "diqu3" : "5169",
        "dizhi" : "东岗路118号雷恩国际科技创新园xx号",
        "yn_moren": "1"
    } ,
    {
        "dizhi_id": "221",
        "xingming" : "张三",
        "shouji" : "13512345678",
        "diqu1" : "2138",
        "diqu2" : "2326",
        "diqu3" : "5290",
```

```
            "dizhi" : "人名路11号",
            "yn_moren": "0"
        }
]
```

数据字段含义:

❑ dizhi_id:整型数字,地址 id。

❑ xingming:字符串,收货人姓名。

❑ shouji:字符串,收货人手机。

❑ diqu1:整型数字,1 级地区 id(省)。

❑ diqu2:整型数字,2 级地区 id(市)。

❑ diqu3:整型数字,3 级地区 id(区/县)。

❑ dizhi:字符串,收货详细地址。

❑ yn_moren:整型数字,是否默认(1 表示默认,0 表示普通)。

第 2 步:通过接口获取远程数据,显示在前台

核心页面示例代码如下:

```html
<div id="app"><!--需要使用vue.js语法的内容,都需要写在id="app"代码块之间-->

<!--for循环开始-->
<div v-for="dizhi in dizhis">
    <div class="dizhi_liebiao_xiangmu">
        <div class="dizhi_liebiao_xiangmu_zuo">
            <!--收货人:姓名+手机-->
            <div class="dizhi_liebiao_xiangmu_zuo_txt1">
                {{dizhi.xingming}}  {{dizhi.shouji}}
            </div>
            <!--收货人:1级地区/2级地区/3级地区+详细地址-->
            <div class="dizhi_liebiao_xiangmu_zuo_txt2">
                {{dizhi.diqu1}}
                {{dizhi.diqu2}}
                {{dizhi.diqu3}}
                {{dizhi.dizhi}}
            </div>
            <!--收货人:是否默认收货人-->
            <div class="dizhi_liebiao_xiangmu_zuo_txt3" v-if="dizhi.yn_moren==1">
                <div class="dizhi_liebiao_xiangmu_zuo_moren">默认地址</div>
            </div>
        </div>
        <!--收货人操作:删除和修改-->
        <div class="dizhi_liebiao_xiangmu_you">
            <!--收货人:修改功能链接-->
            <a v-bind:href="'u_dizhi_xiugai.html?id='+dizhi.dizhi_id">
                <img src="img/xiugai.png" class="dizhi_liebiao_xiangmu_you_img" />
            </a>
```

```
        <!--收货人：删除功能链接-->
        <a v-on:click="del('u_dizhi_del.html?id='+dizhi.dizhi_id)"
style="cursor: pointer;">
            <img src="img/del.png" class="dizhi_liebiao_xiangmu_you_img" />
        </a>
        </div>
    </div>
</div> <!--for循环结束-->

</div><!--id="app" 结束-->
```

核心 Vue.js 示例代码如下：

```
<script>
new Vue({
    el: '#app', //指定id="app"代码块内可以使用Vue.js语法
    data: {
        dizhis:[] //初始化数组变量，用于存放用户的收货人信息
    },
    //页面初始化要执行的
    mounted:function(){
        //调用自定义方法GetDizhis获取用户的收货人信息
        this.GetDizhis();//this别忘记，方法名后面的()不能漏
    },
    //自定义的函数（方法）
    methods:{
        //自定义函数GetDizhis，通过接口获取收货人地址数据
        GetDizhis:function(){
            axios.get('http://vue.yaoyiwangluo.com/wx_dizhi_list_vue.asp',//接口
                {
                    params:{
                        cs_uid:localStorage.u_id  //参数：用户id
                    }
                }
            )
            .then(function (response) {
                //response.data 返回值，下面插入你要执行的代码
                console.log(response.data);//控制台输出调试信息
                this.dizhis = response.data;
            }.bind(this))//then 结束，上面赋值结束后，这里一定要执行bind，否则无数据
            .catch(function (error) {
                console.log(error);
            });    //axios.get 结束
        },//GetDizhis 结束

        //自定义函数del，删除地址信息前，确认提示
        del:function(cs){
            if(confirm("确定是否要删除，删除后不可恢复！")){
                window.location.href = cs;
            }
```

```
        } //del 结束

    }, //method 结束
})//new Vue 结束
</script>
```

13.8.3　地址删除

本节讲解用户地址的删除功能，详细代码参考 u_dizhi_del.html。

实现地址删除的步骤如下。

第 1 步：测试远程接口

ASP 接口：http://vue.yaoyiwangluo.com/wx_dizhi_Del.asp。

涉及的主要参数如下。

❑ cs_uid：整型数字，用户 id。

❑ cs_dizhiid：整型数字，要删除的地址 id。

根据上面提供的接口程序＋参数，我们提供了一个真实的数据接口，地址为 http://vue.yaoyiwangluo.com/wx_dizhi_Del.asp?cs_uid=707&cs_dizhiid=222。

返回数据如下：

```
{"zt":"yes","xinxi":"删除成功"}
```

数据字段含义：

❑ zt：若为 yes 表示地址删除成功，为 no 表示其他信息。

❑ xinxi：返回信息（删除成功）。

第 2 步：列表页面跳转到删除页面，执行删除

列表页面删除示例代码如下：

```
<!--收货人：删除功能链接-->
<a v-on:click="del('u_dizhi_del.html?id='+dizhi.dizhi_id)" style="cursor:
pointer;">
    <img src="img/del.png" class="dizhi_liebiao_xiangmu_you_img" />
</a>
```

接下来，分 2 步删除页面。

首先，获取传递过来的要删除的地址 id。示例代码如下：

```
<script>
    //下面代码获取页面的参数
    urlinfo = window.location.href  //获取当前页面的url
    console.log(urlinfo); //输出到控制台查看
    len = urlinfo.length; //获取url的长度
    offset =urlinfo.indexOf("?");//设置参数字符串开始的位置
```

```
    neirong = urlinfo.substr(offset+1,len);
    //取出参数字符串，这里会获得类似"id=1"这样的字符串
    console.log(neirong); //输出到控制台查看
    neirong1 = neirong.split("&");//对获得的参数字符串按照"="进行分隔

    cs1 = neirong1[0].split("=");//字符串拆分为数组
    cs1_mc = cs1[0];//得到参数名字
    cs1_zhi = cs1[1];//得到参数值
    //输出到控制台查看
    console.log("参数1的名称: "+cs1_mc + " | 参数1的值: "+cs1_zhi);
</script>
```

然后，根据获取的地址 id，调用接口实现数据的删除和返回信息的处理。示例代码如下：

```
<script>
new Vue({
    el: '#app',//指定id="app"代码块内可以使用Vue.js语法
    data: {
    },
    //页面初始化要执行的
    mounted:function(){
        //调用自定义方法dizhi_del删除指定的地址id数据
        this.dizhi_del();//this别忘记，方法名后面的()不能遗漏
    },
    //自定义的函数（方法）
    methods:{
        //自定义方法dizhi_del，根据传入的参数，删除地址数据
        dizhi_del:function(){
            //调用接口，传入参数
            axios.get('http://vue.yaoyiwangluo.com/wx_dizhi_Del.asp', //接口
                {
                        params:{
                            cs_uid:localStorage.u_id, //参数1: 用户id
                            cs_dizhiid:cs1_zhi          //参数2: 地址id
                        }
                }
            )
            .then(function (response) {
            //response.data 返回值，下面插入要执行的代码
            //根据返回的数据做不同的处理
            if(response.data.zt=="yes"){//删除成功
                alert("地址删除成功");//弹出提示
                window.location = "u_dizhi_list.html";//跳转到用户地址列表
            }
            if(response.data.zt=="no"){//删除失败
                alert(response.data.xinxi);//弹出错误信息
                window.location = "u_dizhi_list.html";//跳转到用户地址列表
            }
        }.bind(this))//then 结束，上面赋值结束后，这里一定要执行bind，否则无数据
```

```
        .catch(function (error) {
            console.log(error);
        });      //axios.get 结束
    }//dizhi_del 结束
},//methods 结束
})//new Vue 结束
</script>
```

13.8.4 地址修改

本节主要讲解如何修改收货人的信息，难点在于 3 级地区的联动和选择。完整代码请参考代码包中的 u_dizhi_xiugai.html。效果如图 13-11 所示。

图 13-11 用户收货地址修改页面

实现地址修改的步骤如下。

第 1 步：了解所用到的接口

接口：获取用户地址信息。

ASP 接口：http://vue.yaoyiwangluo.com/wx_dizhi_info.asp。

涉及的主要参数如下。

❑ cs_uid：用户 id。

❑ cs_dizhiid：地址 id。

返回数据如下：

```
{
    "dizhi_id": "100",
    "xingming" : "黄菊华",
    "shouji" : "13512345678",
    "diqu1" : "浙江省", "diqu2" : "杭州市", "diqu3" : "余杭区",
    "dizhi" : "东港路118号雷恩国际科技创新园13楼",
    "yn_moren": "1"
}
```

其中，yn_moren 为 1 时表示默认地址，为 0 时表示普通地址。

接口：加载 1 级地区分类。

和录入的接口一致。

接口：加载 2 级地区分类。

ASP 接口：http://vue.yaoyiwangluo.com/v-diqu2-2.asp。

参数 bigclassid：数字整型，1 级分类 id。

返回数据如下：

```
[
    {
        "myid" : 2254,
        "fenlei_mingcheng" : "杭州市"
    }
    ,
    {
        "myid" : 2264,
        "fenlei_mingcheng" : "宁波市"
    }
]
```

返回数据字段含义：

❑ myid：整型数字，2 级地区 id（市）。

❑ fenlei_mingcheng：字符串，1 级地区名称（省）。

接口：加载 3 级地区分类。

ASP 接口：http://vue.yaoyiwangluo.com/v-diqu3-2.asp。

参数 bigclassid：数字整型，2 级地区 id。

返回数据如下：

```
[
    {
        "myid" : 3241,
        "fenlei_mingcheng" : "象山县"
    }
    ,
    {
        "myid" : 3243,
        "fenlei_mingcheng" : "宁海县"
    }
]
```

返回数据字段含义：

❑ myid：整型数字，2 级地区 id（市）。

❑ fenlei_mingcheng：字符串，1 级地区名称（省）。

接口：提交修改数据。

ASP 接口：http://vue.yaoyiwangluo.com/wx_dizhi_edit.asp。

涉及的主要参数如下。

❑ cs_dizhiid：整型数字，要修改的地址 id。

❑ cs_uid：整型数字，当前登录用户 id。

❑ cs_xingming：字符串，当前收货人姓名。

❑ cs_shouji：字符串，当前收货人手机。

❑ cs_diqu1：整型数字，1 级地区 id（省）。

❑ cs_diqu2：整型数字，2 级地区 id（市）。

❑ cs_diqu3：整型数字，3 级地区 id（区 / 县）。

❑ cs_dizhi：字符串，当前地址。

❑ cs_moren：整型数字，是否默认（1 默认收货地址，0 普通地址）。

返回数据如下：

```
{zt: "yes", xinxi: "地址修改成功"}
```

数据字段含义：

❑ zt：若为 yes 表示地址修改成功，若为 no 表示其他信息。

❑ xinxi：返回信息（地址修改成功）。

第 2 步：读取用户的地址信息

界面示例代码如下：

```
<div id="app"><!--需要使用vue.js语法的内容，都需要写在id="app"代码块之间-->
<form @submit.prevent="tijiao" name="frm"    >
<!--需要将修改收货人的信息代码，都写在id="app"(给vue.js使用)和form中-->
<!--点击表单的提交按钮"确认修改此地址"的时候，提交给自定义方法tijiao处理-->

<!--收货人-->
<input type="text" class="dizhi_xiangmu_you_input" placeholder="请输入收货人"
name="xingming" v-model="xingming" />

<!--手机号-->
<input type="text" class="dizhi_xiangmu_you_input" placeholder="请输入手机号"
name="shouji" v-model="shouji" />

<!--所在地区，3级地址联动-->
<!--所在地区，1级地区（省）-->
<select name="select1"  v-model="select1" onChange="GetDiqu2(this.value)" >
    <option value="0">省级</option>
    <option v-bind:value="diqu1.myid"  v-for="diqu1 in diqu1s" >
        {{diqu1.fenlei_mingcheng}}
    </option>
```

```
</select>
<!--所在地区, 2级地区 ( 市 ) -->
<select name="select2"  v-model="select2" onChange="GetDiqu3(this.value)" >
    <option value="0">地级</option>
    <option v-bind:value="select1+'|'+diqu2.myid"  v-for="diqu2 in diqu2s" >
        {{diqu2.fenlei_mingcheng}}
    </option>
</select>
<!--所在地区, 3级地区 ( 区/县 ) -->
<select name="select3"  v-model="select3" >
    <option value="0">县级</option>
    <option v-bind:value="diqu3.myid" v-for="diqu3 in diqu3s">
        {{diqu3.fenlei_mingcheng}}
    </option>
</select>
<!--输出默认的1级、2级、3级地区id, 用于调试-->
{{select1}}-{{select2}}-{{select3}}

<!--详细地址-->
<input type="text" class="dizhi_xiangmu_you_input" placeholder="请输入详细地址"
name="dizhi" v-model="dizhi" />

<!--设为默认-->
<input type="checkbox" name="mr" v-model="mr" id="moren" />
<label for="moren"><em></em></label>

<!--修改收货人地址信息-->
<!--点击按钮, 触发tijiao方法, 将修改的联系人信息更新到地址库-->
<button class="caozuo_baocun_btn">确认修改此地址</button>

</form>
</div><!--id="app" 结束-->
```

接下来分 2 步读取用户信息。

首先, 获取地址 id。示例代码如下:

```
<script>
    //下面代码获取页面的参数
    urlinfo = window.location.href   //获取当前页面的url
    console.log(urlinfo); //输出到控制台查看
    len = urlinfo.length; //获取url的长度
    offset =urlinfo.indexOf("?");//设置参数字符串开始的位置
    neirong = urlinfo.substr(offset+1,len);
    //取出参数字符串,这里会获得类似 "id=1" 这样的字符串
    console.log(neirong);//输出到控制台查看
    neirong1 = neirong.split("&");//对获得的参数字符串按照 "=" 进行分隔

    cs1 = neirong1[0].split("=");//字符串拆分为数组
    cs1_mc = cs1[0];//得到参数名字
    cs1_zhi = cs1[1];//得到参数值
```

```
        //输出到控制台查看
        console.log("参数1的名称: "+cs1_mc + " | 参数1的值: "+cs1_zhi);
</script>
```

然后，获取用户信息。示例代码如下：

```
<script>
new Vue({
    el: '#app',//指定id="app"代码块内可以使用Vue.js语法
    data: {
        dizhi_id:0, //初始化要修改的地址id
        diqu1s:[],   //初始化数组变量，1级地区（省）
        diqu2s:[],   //初始化数组变量，2级地区（市）
        diqu3s:[],   //初始化数组变量，3级地区（区/县）
        select1:"0",//初始化1级地区默认选择项目
        select2:"0",//初始化2级地区默认选择项目
        select3:"0",//初始化3级地区默认选择项目

        xingming:"",//初始化变量，收货人姓名
        shouji:"",   //初始化变量，收货人手机
        dizhi:"",    //初始化变量，收货人详细地址
        mr:0          //初始化变量，默认收货人 1默认，0普通
    },
    //页面初始化要执行的
    mounted:function(){
        //调用自定义方法GetDizhiXinxi，获取要修改的收货人信息
        this.GetDizhiXinxi();//this别忘记，方法名后面的()不能遗漏
    },
    //自定义的函数（方法）
    methods:{
        //自定义方法GetDizhiXinxi，根据用户id和地址id，获取要修改的收货人信息
        GetDizhiXinxi:function(){
            axios.get('http://vue.yaoyiwangluo.com/wx_dizhi_info.asp',//接口
            {
                params:{
                    cs_uid:localStorage.u_id,    //参数1：用户id
                    cs_dizhiid:cs1_zhi            //参数2：地址id
                }
            }
            )
            .then(function (response) {
                //response.data 返回值，下面插入你要执行的代码
                this.dizhi_id = response.data.dizhi_id; //地址id赋值
                this.xingming = response.data.xingming; //收货人姓名赋值
                this.shouji = response.data.shouji; //收货人手机赋值
                this.select1 = response.data.diqu1; //收货人1级地区id（省）选中项目赋值
                this.select2 = response.data.diqu1+"|"+response.data.diqu2;
                //收货人2级地区id（市）选中项目赋值
                this.select3 = response.data.diqu3;   //收货人3级地区id（区/县）选中项目赋值
                this.dizhi = response.data.dizhi;     //收货人详细地址赋值
                this.mr = response.data.yn_moren;     //收货人默认值赋值
```

```
//1默认，0普通
if(response.data.yn_moren=="1"){ //是默认项
    this.mr = true;  //给变量mr赋值
}else{
    this.mr= false;   //给变量mr赋值
}


//加载1级地区分类
axios.get('http://vue.yaoyiwangluo.com/v-diqu1.asp') //接口
    .then(function (response) {
    //response.data 返回值，下面插入你要执行的代码
    this.diqu1s = response.data //给1级地区列表（省）赋值
    }.bind(this)) //then 结束,上面赋值结束后，这里一定要执行bind，否则无数据
    .catch(function (error) {
        console.log(error);
}); //axios.get 加载1级地区分类 结束

//加载2级地区分类
axios.get('http://vue.yaoyiwangluo.com/v-diqu2-2.asp',//接口
    {
        params:{
            bigclassid:response.data.diqu1 //选中的1级地区id
        }
    }
 )
.then(function (response) {
    //response.data 返回值，下面插入你要执行的代码
    this.diqu2s = response.data; //给2级地区列表（市）赋值
}.bind(this)) //then 结束,上面赋值结束后，这里一定要bind，否则无数据
.catch(function (error) {
    console.log(error);
}); //axios.get 加载2级地区分类 结束


//加载3级地区分类
axios.get('http://vue.yaoyiwangluo.com/v-diqu3-2.asp',//接口
    {
        params:{
            bigclassid:response.data.diqu2 //选中的2级地区id
        }
    }
)
.then(function (response) {
    //response.data 返回值，下面插入你要执行的代码
    this.diqu3s = response.data; //给3级地区列表（区/县）赋值
}.bind(this)) //then 结束,上面赋值结束后，这里一定要执行bind，否则无数据
    .catch(function (error) {
        console.log(error);
}); //axios.get 加载3级地区分类 结束


}.bind(this))//then 结束,上面赋值结束后，这里一定要执行bind，否则无数据
```

```
            .catch(function (error) {
                console.log(error);
            });     //GetDizhiXinxi axios.get 结束
        }, //GetDizhiXinxi 结束

    //自定义方法提交数据，提交数据

    },//method 结束
})//new Vue 结束
</script>
```

第 3 步：提交数据和处理返回数据
核心 Vue.js 示例代码如下：

```
//自定义方法提交数据
tijiao:function(){
    console.log(this.xingming);//可以输出姓名到控制台用于调试
    //判断是否有内容没有填写或者地区没有选择
    //考虑直辖市等，这里只要求1级和2级地区必须选择
    if(this.xingming==""||this.shouji==""||this.dizhi==""||document.frm.select1.
        value=="0"||document.frm.select2.value=="0"){
        alert("请填写内容和选择地址"); //弹出错误提示
        return false; //终止执行
    }else{
        var diqu2 = ""; //用于存2级地区的id
        var diqu2s = new Array();//初始化1个空数组
        //2级id的格式2135|2254，包含了1级地区的id和2级地区的id
        //我们需要将2级地区的id单独取出
        diqu2s = document.frm.select2.value.split("|");
        console.log(diqu2s[1]);//控制台输出拆分的数组中的值，用于调试
        //提交数据
        axios.get('http://vue.yaoyiwangluo.com/wx_dizhi_edit.asp',//接口
            {
                params:{
                cs_uid:localStorage.u_id, //参数：用户id
                cs_dizhiid:cs1_zhi,        //参数：地址id
                cs_xingming:this.xingming,//参数：用户姓名
                cs_shouji:this.shouji,     //参数：用户手机
                cs_diqu1:document.frm.select1.value,//参数：1级地区id
                cs_diqu2:diqu2s[1], //参数：2级地区id
                cs_diqu3:document.frm.select3.value,//参数：3级地区id
                cs_dizhi:this.dizhi,//参数：详细地址
                cs_moren:this.mr    //参数：是否默认收货人
                }
            }
        )
        .then(function (response) {
            //response.data 返回值，下面插入要执行的代码
            console.log(response.data);//控制台输出调试信息
            console.log(response.data.xinxi);
```

```
            if(response.data.zt=="yes"){ //录入成功
                alert("修改成功"); //弹出提示信息
                window.location = "u_dizhi_list.html";//跳转到用户地址列表
            }
            if(response.data.zt=="no"){      //录入失败
                alert(response.data.xinxi);//弹出错误信息
            }
        }.bind(this))//then 结束，上面赋值结束后，这里一定要执行bind，否则无数据
        .catch(function (error) {
            console.log(error);
        });     //axios.get 结束
    } //if else 结束
} //tijiao 结束
```

Chapter 14 第 14 章

实现产品和新闻页面

本章主要讲解与 Vue 商城产品和新闻相关的功能,主要涉及:产品分类、产品列表、产品简介、产品详情、产品评论、信息列表、信息详情。

根据后台数据的来源,我们配备了 JSP、PHP、ASP、.NET 几个不同的 Web 开发语言版本部署在互联网供大家使用。

本章案例主要包含以下几个模块。

❑ 产品分类:通过接口读取所有产品的分类,在实现选择分类后,根据分类 id 读取产品列表。

❑ 产品列表:默认读取所有的产品,实现查询和排序。

❑ 产品简介:根据选择的产品 id,通过接口读取产品的简介信息并显示。

❑ 产品详情:根据选择的产品 id,通过接口读取产品的详情信息并显示。

❑ 产品评论:根据选择的产品 id,通过接口读取产品评论列表。用户在购买产品并确认收货后才能发起评论。

❑ 信息列表:根据接口,读取所有的信息列表。

❑ 信息详情:根据选择的信息 id,通过接口读取信息详情。

14.1 产品分类

本节主要讲解如何实现产品分类页面的功能,详细代码参见 chanpin_fenlei.html。效果如图 14-1 所示。

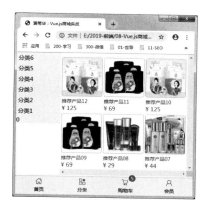

图 14-1 产品分类页面

原理：页面初始化的时候，加载左侧的产品分类和右侧的最新产品；点击左侧产品分类的时候，根据传入的分类 id 右侧同步加载对应的分类产品。

14.1.1 左侧默认分类

实现左侧默认分类的步骤如下。

第 1 步：了解分类接口

ASP 接口：http://vue.yaoyiwangluo.com/wx_fenlei.asp。

参数：无。

返回数据如下：

```
[
    {
        "id" : 17,
        "name": "分类6"
    } ,
    {
        "id" : 16,
        "name": "分类5"
    } ,
    {
        "id" : 15,
        "name": "分类4"
    } ,
    {
        "id" : 14,
        "name": "分类3"
    } ,
    {
        "id" : 13,
```

```
                "name": "分类2"
        },
        {
            "id" : 12,
            "name": "分类1"
        }
]
```

数据字段含义：

❑ id：分类 id。

❑ name：分类名称。

第 2 步：分析界面和功能实现

根据读取的数据 fenleis，在前台核心界面循环显示分类的名称。示例代码如下：

```
<div id="app"><!--需要使用vue.js语法的内容，都需要写在id="app"代码块之间-->

<!--商品左侧分类-->
    <!--左侧分类循环-开始-->
<div v-for="fl in fenleis">
<div  v-bind:class="fl.id==flid?'fenlei_zuo_xuanzhong':''"
                v-on:click="cps_cs(fl.id)" >
{{fl.name}}
</div>
    </div>
    <!--左侧分类循环-结束-->

</div><!--id="app" 结束-->
```

我们在 methods 区域中自定义方法 GetFeilei ，获取远程数据并赋值给变量 fenleis ，这样前台就可以显示出分类列表，具体步骤如下。

1）在 Vue.js 的 data 区域定义两个变量 fenleis（分类数组，初始为空）和 flid（分类 id，初始化 0）。

2）在 methods 区域自定义方法 GetFeilei，将返回值赋值给变量。

3）在 mounted 区域调用自定义方法 GetFeilei，执行数据获取（在方法中将结果赋值给变量）。

Vue.js 核心示例代码如下：

```
<script>
new Vue({
    el: '#app',//指定id="app"代码块内可以使用Vue.js语法
    data: {
        fenleis:[], //左侧分类数组
        flid:0       //初始化选中的分类id
    },
    //页面初始化要执行的
```

```
mounted:function(){
    //调用自定义方法GetFeilei获取左侧初始化分类
    this.GetFeilei();//this别忘记，方法名后面的()不能遗漏
},
//自定义的函数（方法）
methods:{
    //自定义方法GetFeilei，页面初始化加载左侧分类产品
    GetFeilei:function(){
        axios.get('http://vue.yaoyiwangluo.com/wx_fenlei.asp')//接口
            .then(function (response) {
                //response.data 返回值，下面插入你要执行的代码
                this.fenleis = response.data;//返回值赋值给数组
            }.bind(this))//then 结束，上面赋值结束后，这里一定要执行bind，否则无数据
            .catch(function (error) {
                console.log(error);
            });    //axios.get 结束
    }, //GetFeilei 结束

    //自定义方法getCps，页面初始化加载（右侧）产品


    //根据选择的（左侧）分类，加载该分类（右侧）产品

},//method 结束
}))//new Vue 结束
</script>
```

14.1.2　右侧默认产品

实现右侧默认产品的步骤如下。

第 1 步：了解分类接口

ASP 接口：http://vue.yaoyiwangluo.com/wx_CpList_tuijian6.asp。

参数：无。

返回数据如下：

```
[
    {
        "cp_id" : 652,
        "cp_mingcheng" : "推荐产品12",
        "jiage" : "125",
        "cp_tupian" : "http://vue.yaoyiwangluo.com/tupian/2019/x33114794.jpg",
        "kucun" : "100",
        "yixiaoshou" : "55"
    },
    {
        "cp_id" : 651,
        "cp_mingcheng" : "推荐产品11",
```

```
            "jiage" : "69",
            "cp_tupian" : "http://vue.yaoyiwangluo.com/tupian/2019/x133049487.jpg",
            "kucun" : "100",
            "yixiaoshou" : "55"
        }
]
```

数据字段含义：

❑ cp_id：产品 id。

❑ cp_mingcheng：产品名称。

❑ jiage：价格。

❑ cp_tupian：图片。

❑ kucun：库存。

❑ yixiaoshou：已销售数量。

第 2 步：分析界面和功能实现

根据读取的数据 chanpins，循环显示产品各项信息：产品图片、产品名称、产品价格。
前台核心界面示例代码如下：

```
<!--商品分类右侧产品-->
<!--商品分类右侧产品循环-开始-->
<a v-bind:href="'chanpin_xiangqing.html?id='+cp.cp_id+'&mc='+cp.cp_mingcheng"
    class="cp2_lianjie" v-for="cp in chanpins">
    <img v-bind:src="cp.cp_tupian" class="cp2_img" />
    <p class="cp2_mc">{{cp.cp_mingcheng}}</p>
    <p class="cp_mc2">¥ {{cp.jiage}}</p>
</a>
<!--商品分类右侧产品循环-结束-->
```

在 methods 区域中，自定义方法 getCps，获取远程的产品数据并赋值给变量 chanpins，
这样前台就可以显示产品列表，具体步骤如下。

1）在 Vue.js 的 data 区域定义变量 chanpins（产品数组，初始为空）。

2）在 methods 区域自定义方法 getCps，用于获取产品信息，将返回值赋值给变量。

3）在 mounted 区域调用自定义方法 getCps，执行数据获取。

核心 Vue.js 示例代码如下：

```
<script>
new Vue({
    el: '#app',//指定id="app"代码块内可以使用Vue.js语法
    data: {
        fenleis:[], //左侧分类数组
        chanpins:[],//右侧产品数组
        flid:0      //初始化选中的分类id
    },
```

```
//页面初始化要执行的
mounted:function(){
    //调用自定义方法getCps获取右侧初始化产品
    this.getCps();//this别忘记,方法名后面的()不能遗漏
},
//自定义的函数(方法)
methods:{
    //自定义方法GetFenlei,页面初始化加载左侧分类产品

    //自定义方法getCps,页面初始化加载(右侧)产品
    getCps:function(){
        axios.get('http://vue.yaoyiwangluo.com/wx_CpList_tuijian6.asp')//接口
            .then(function (response) {
                //response.data 返回值,下面插入你要执行的代码
                this.chanpins = response.data;//返回值赋值给数组
            }.bind(this))//then 结束,上面赋值结束后,这里一定要执行bind,否则无数据
            .catch(function (error) {
                console.log(error);
            });    //axios.get 结束
    },//GetFenlei 结束

    //根据选择的(左侧)分类,加载该分类(右侧)产品

},//method 结束
}))//new Vue 结束
</script>
```

14.1.3　左侧分类和右侧产品联动

实现左侧分类与右侧产品联动的步骤如下。

第 1 步:了解分类接口

ASP 接口:http://vue.yaoyiwangluo.com/wx_fenlei_chanpin.asp。

参数 int_lxid1:选中的左侧分类 id。

分类的类型 id 参考左侧默认分类获取的数据。

根据上面提供的接口程序+参数,我们提供了一个数据接口,地址为 http://vue.yaoyiwangluo.com/wx_fenlei_chanpin.asp?int_lxid1=14。

返回数据如下:

```
[
    {
        "cp_id" : 645,
        "cp_mingcheng" : "测试产品06",
        "jiage" : "46",
        "cp_tupian" : "http://vue.yaoyiwangluo.com/tupian/2019/x2043415.jpg"
    },
    {
```

```
                    "cp_id" : 644,
                    "cp_mingcheng" : "测试产品05",
                    "jiage" : "45",
                    "cp_tupian" : "http://vue.yaoyiwangluo.com/tupian/2019/x131915215.jpg"
            }
    ]
```

数据字段含义：

❑ cp_id：产品 id。

❑ cp_mingcheng：产品名称。

❑ jiage：产品价格。

❑ cp_tupian：产品图片。

第 2 步：分析界面和功能实现

点击左侧产品分类，会传递当前分类的 id 到自定义方法 cps_cs，该方法根据传递过来的分类 id，获取对应的分类产品数据并赋值给变量 chanpins，这样，产品的列表会重新刷新加载。Vue.js 核心示例代码如下：

```
//根据选择的（左侧）分类，加载该分类（右侧）产品
cps_cs:function(cs){
    this.flid = cs; //cs代表选中的左侧分类id，赋值给变量
    axios.get('http://vue.yaoyiwangluo.com/wx_fenlei_chanpin.asp',//接口
        {
            params:{
                int_lxid1:cs //参数：选中的左侧分类id
            }
        }
    )
    .then(function (response) {
        //response.data 返回值，下面插入你要执行的代码
        this.chanpins = response.data;//返回值赋值给数组
    }.bind(this))//then 结束，上面赋值结束后，这里一定要执行bind，否则无数据
    .catch(function (error) {
        console.log(error);
    });    //axios.get 结束
},//cps_cs 结束
```

14.2 产品列表

本节主要讲解如何读取产品的列表信息，效果如图 14-2 所示。

ASP 接口：http://vue.yaoyiwangluo.com/wx_CpList.asp。

参数 cs_cpmc：查询的关键字。

根据上面提供的接口程序 + 参数，我们提供了一个数据接口，查询带"产品 1"关键字的产品：http://vue.yaoyiwangluo.com/wx_CpList.asp?cs_cpmc= 产品 1。

图 14-2　所有产品列表页面

如果不带参数 cs_cpmc，返回的是最新 10 个产品数据。

返回数据如下：

```
[
    {
        "cp_id" : 652,
        "cp_mingcheng" : "推荐产品12",
        "jiage" : "125",
        "cp_tupian" : "http://vue.yaoyiwangluo.com/tupian/2019/x3114794.jpg"
    } ,
    {
        "cp_id" : 651,
        "cp_mingcheng" : "推荐产品11",
        "jiage" : "69",
        "cp_tupian" : "http://vue.yaoyiwangluo.com/tupian/2019/x049487.jpg"
    } ,
    {
        "cp_id" : 649,
        "cp_mingcheng" : "推荐产品10",
        "jiage" : "125",
        "cp_tupian" : "http://vue.yaoyiwangluo.com/tupian/2019/x114794.jpg"
    }
]
```

数据字段含义：

❏ cp_id：产品 id。

❏ cp_mingcheng：产品名称。

❑ jiage：产品价格。

❑ cp_tupian：产品图片。

14.3 产品简介

本节主要介绍产品简介页面的功能，包含产品简介信息、底部菜单、收藏功能、加购物车功能、立即购买功能，跳转首页和购物车。详细代码参见 chanpin_xiangqing.html。效果如图 14-3 所示。

图 14-3　产品简介页面

14.3.1 产品简介信息

1. 参数获取和顶部菜单

从产品列表或者首页推荐产品等地方，点击产品可以进入到产品简介页面。下面是从首页产品进入的链接代码：

```
<a v-bind:href="'chanpin_xiangqing.html?id='+tjcp.cp_id+'&mc='+tjcp.cp_
    mingcheng">
```

我们需要关注的是，链接中从"chanpin_xiangqing.html?"开始的两个参数：id 后面跟的是产品的 id，mc 后面跟的是产品的名称。

顶部菜单代码如下：

```
<!--头部菜单-->
<div class="toubu">
```

```
    <div class="toubu_caidan toubu_caidan_xuanzhong">商品</div>
    <a id="lj02" class="toubu_caidan">详情</a>
    <a id="lj03" class="toubu_caidan">评论</a>
</div>
```

我们在商品、详情、评论这几个页面跳转的时候，需要保证每个页面都能获取到相应的参数（产品的 id 和产品的名称），对应的参数都是跟在页面的 URL 后面。下面的代码就是截取分析我们的 url，取出我们需要的产品的 id 和产品的名称。核心 JavaScript 代码如下：

```
<script>
    //下面代码获取页面的参数
    urlinfo = window.location.href  //获取当前页面的url
    console.log(urlinfo); //输出到控制台查看
    len = urlinfo.length; //获取url的长度
    offset =urlinfo.indexOf("?");//设置参数字符串开始的位置
    neirong = urlinfo.substr(offset+1,len);
                            //取出参数字符串 这里会获得类似"id=1"这样的字符串
    console.log(neirong); //输出到控制台查看
    neirong1 = neirong.split("&");//对获得的参数字符串按照"="进行分隔

    cs1 = neirong1[0].split("=");//字符串拆分为数组
    cs1_mc = cs1[0]; //得到参数名字
    cs1_zhi = cs1[1];//得到参数值
    console.log("参数1的名称: "+cs1_mc + " | 参数1的值: "+cs1_zhi);

    cs2 = neirong1[1].split("=");
    cs2_mc = cs2[0];//得到参数名字
    cs2_zhi = decodeURI(cs2[1]);//得到参数值
    //输出到控制台查看
    console.log("参数2的名称: "+cs2_mc + " | 参数2的值: "+cs2_zhi);
    //详情链接
    document.getElementById("lj02").href="chanpin_xiangqing2.html?id=" + cs1_zhi
        + "&mc=" + cs2_zhi;
    //评论链接
    document.getElementById("lj03").href="chanpin_xiangqing3.html?id=" + cs1_zhi
        + "&mc=" + cs2_zhi;
</script>
```

2. 产品信息接口

ASP 接口：http://vue.yaoyiwangluo.com/wx_sp_info-a.asp。

参数 cp_id：产品 id。

根据上面提供的接口程序 + 参数，我们提供了一个真实的数据接口，地址为 http://vue.yaoyiwangluo.com/wx_sp_info-a.asp?cp_id=649。

返回数据如下：

```
{
"cp_tupian" : "http://vue.yaoyiwangluo.com/tupian/2019/20190703133114794.jpg",
"cp_tupian1" : "http://vue.yaoyiwangluo.com/img/kong.jpg",
"cp_tupian2" : "http://vue.yaoyiwangluo.com/img/kong.jpg",
"cp_tupian3" : "http://vue.yaoyiwangluo.com/img/kong.jpg",
"cp_tupian4" : "http://vue.yaoyiwangluo.com/img/kong.jpg",
"cp_mingcheng" : "推荐产品10",
"jiage" : "125",
"cp_jianjie" : "推荐产品04",
"cp_kucun" : "100",
"xiangou_shuliang" : "55",
"cp_yixiaoshou" : "55"
}
```

数据字段的含义：

❏ cp_tupian：产品的图。

❏ cp_tupian1：产品的详细图 1。

❏ cp_tupian2：产品的详细图 2。

❏ cp_tupian3：产品的详细图 3。

❏ cp_tupian4：产品的详细图 4。

❏ cp_mingcheng：产品名称。

❏ jiage：产品价格。

❏ cp_jianjie：产品简介。

❏ cp_kucun：产品库存。

❏ xiangou_shuliang：限购数量。

❏ cp_yixiaoshou：产品已销售。

3. 实战

通过后台获取产品的信息后，按前面接口提示的字段，将产品的具体字段内容填充到页面。界面核心示例代码如下：

```
<!--轮播图片，参考首页的轮播图片功能-->
<div class="carousel-wrap">
    <transition-group tag="ul" class='slide-ul' name="list">
        <li v-for="(list,index) in slideList" :key="index"
v-show="index===currentIndex" @mouseenter="stop" @mouseleave="go">
            <a :href="list.clickUrl" >
                <img :src="list.image" :alt="list.desc">
            </a>
        </li>
    </transition-group>
    <div class="carousel-items">
        <span v-for="(item,index) in slideList.length" :class="{'active':index==
            =currentIndex}" @mouseover="change(index)"></span>
```

```
        </div>
    </div>

    <!--产品名称、价格、简介-->
    <div class="biaoti">
        <div class="biaoti_zhu">{{cp_mingcheng}}</div>
        <div class="biaoti_jiage">¥ {{jiage}}</div>
        <div class="biaoti_fu">{{cp_jianjie}}</div>
    </div>

    <!--会员等级和价格-->
    <div class="huiyuan">
        <div class="huiyuan_biaoti">会员</div>
        <div class="huiyuan_dengji">银牌会员</div>
        <div class="huiyuan_jiage">享受价格：¥ {{jiage}}</div>
    </div>

    <!--附加属性：库存、限购、已销-->
    <div class="gaodu10"></div>
    <div class="fujia">
        <div class="fujia_xiangmu">
            <div class="fujia_xiangmu_zuo">库存：{{cp_kucun}} 件</div>
            <div class="fujia_xiangmu_you">限购：{{xiangou_shuliang}}</div>
        </div>
        <div class="fujia_xiangmu">
            <div class="fujia_xiangmu_zuo">已销：{{cp_yixiaoshou}} 件</div>
            <div class="fujia_xiangmu_you"></div>
        </div>
    </div>
</div>
```

根据产品的 id，通过接口获取对应的产品信息后，显示在前台页面即可，具体步骤如下。

1）在 Vue.js 的 data 区域，定义变量 slideList（数组，产品轮播图片）、cp_tupian（产品主图）、cp_tupian1（产品副图 1）、cp_tupian2（产品副图 2）、cp_tupian3（产品副图）、cp_tupian4（产品副图 4）、cp_mingcheng（产品名称）、jiage（产品价格）、cp_jianjie（产品简介）、cp_kucun（产品库存）、xiangou_shuliang（限购数量）、cp_yixiaoshou（已销）等。

2）在 methods 区域，自定义方法 GetCPxinxi，用于获取产品信息，将返回值赋值给变量。

3）在 mounted 区域，调用自定义方法 GetCPxinxi，执行数据获取。

Vue.js 核心示例代码如下：

```
<script>
new Vue({
    el: '#app',
    data: {
        //轮播代码，对象数组，每个对象包含一个轮播的元素：点击轮播图片链接地址、轮播图片说明、
```

```
        轮播图片地址
        slideList: [
            {
                "clickUrl": "#",              //点击轮播图片1的链接地址
                "desc": "图片轮播说明1",       //轮播图片1说明
                "image": "img/ban1.jpg"  //轮播图片1地址
            },
            {
                "clickUrl": "#",              //点击轮播图片2的链接地址
                "desc": "图片轮播说明2",       //轮播图片2说明
                "image": "img/ban2.jpg"  //轮播图片2地址
            },
            {
                "clickUrl": "#",              //点击轮播图片3的链接地址
                "desc": "图片轮播说明3",       //轮播图片3说明
                "image": "img/ban3.jpg"  //轮播图片3地址
            }
        ],
        currentIndex: 0,//默认的轮播图片,0表示第1张图,1表示第2张图,这里最多是2(我们上
                        面就定义了3张图)
        timer: '',                //初始化定时器为空
        //轮播代码结束,下面是普通信息
          cp_tupian:"",       //产品主图
          cp_tupian1:"",      //产品副图1
          cp_tupian2:"",      //产品副图2
          cp_tupian3:"",      //产品副图3
          cp_tupian4:"",      //产品副图4
          cp_mingcheng:"",  //产品名称
          jiage:"",            //产品价格
          cp_jianjie:"",      //产品简介
          cp_kucun:"",        //产品库存
          xiangou_shuliang:"",    //产品限购数量
          cp_yixiaoshou:""         //产品已销
    },
    //页面初始化要执行的
    mounted:function(){
        //调用自定义方法GetCPxinxi,获取产品的信息
        this.GetCPxinxi();//this别忘记,方法名后面的()不能遗漏
    },
    //自定义的函数(方法)
    methods:{
        //轮播方法:设定定时器和自动播放
        go() {
            this.timer = setInterval(() => {
                this.autoPlay()
            }, 3000)
        },
        //轮播方法:清除定时器
        stop() {
            clearInterval(this.timer)
            this.timer = null
```

```
    },
    //轮播方法：选中某个图片
    change(index) {
        this.currentIndex = index
    },
    //轮播方法：自动播放
    autoPlay() {
        this.currentIndex++
        if (this.currentIndex > this.slideList.length - 1) {
            this.currentIndex = 0
        }
    },
    //轮播方法：结束


//自定义方法GetCPxinxi；根据产品的id，获取产品的信息
GetCPxinxi:function(){
    axios.get('http://vue.yaoyiwangluo.com/wx_sp_info-a.asp',//接口
        {
            params:{
                cp_id:cs1_zhi      //参数：产品id
            }
        }
    )
    .then(function (response) {
        //response.data 返回值，下面插入你要执行的代码
        this.cp_tupian = response.data.cp_tupian;    //产品主图赋值
        this.cp_tupian1 = response.data.cp_tupian1; //产品副图1赋值
        this.cp_tupian2 = response.data.cp_tupian2; //产品副图2赋值
        this.cp_tupian3 = response.data.cp_tupian3; //产品副图3赋值
        this.cp_tupian4 = response.data.cp_tupian4; //产品副图4赋值
        this.cp_mingcheng = response.data.cp_mingcheng;//产品名称赋值
        this.jiage = response.data.jiage;//产品价格赋值
        this.cp_jianjie = response.data.cp_jianjie;//产品简介赋值
        this.cp_kucun = response.data.cp_kucun;//产品库存赋值
        this.xiangou_shuliang = response.data.xiangou_shuliang;
        //产品限购数量赋值
        this.cp_yixiaoshou = response.data.cp_yixiaoshou;
        //产品已销赋值

        //修改轮播图片
        this.$set(this.slideList[0],"image",response.data.cp_tupian);
        //第1张轮播图片
        this.$set(this.slideList[1],"image",response.data.cp_tupian1);
        //第2张轮播图片
        this.$set(this.slideList[2],"image",response.data.cp_tupian2);
        //第3张轮播图片

    }.bind(this)) //then 结束，上面赋值结束后，这里一定要执行bind，否则无数据
    .catch(function (error) {
        console.log(error);
    }); //axios.get 结束
```

```
            }, //GetCPxinxi 结束

            //自定义函数shoucang；将产品加入用户的收藏
            shoucang:function(){

            }, //shoucang 结束

            //加购物车，自定义函数gouwuche，将当前产品信息加入当前登录用户的购物车
            gouwuche:function(){

            }, //gouwuche 结束

            //立即购买，自定义函数goumai，将当前产品信息加入当前登录用户的购物车，然后跳转到购物车
            goumai:function(){
            }, //goumai 结束

        },

        //轮播代码
        created() {
            this.$nextTick(() => {
                this.timer = setInterval(() => {
                    this.autoPlay()
                }, 3000)
            })
        }

    }) //new Vue 结束
</script>
```

14.3.2　底部菜单

本节主要实现底部菜单，内容包括：首页、收藏、购物车、加入购物车、立即购买。根据用户的登录状态来实现不同的代码——登录状态下实现正常功能；没有登录状态实现提示登录。

底部菜单主要分两个不同的界面代码块：一个是登录后所显示的 id="dl_yes" 代码块；另一个是没有登录所显示的 id="dl_no" 代码块。是否登录我们会通过后面的 JavaScript 代码来判断。界面代码如下：

```
<!--底部菜单-开始-->
<!--用户登录状态下显示的内容-开始-->
<div class="dibu" id="dl_yes">
    <a class="dibu_shouye" href="index.html">
        <img src="img/shouye.png" class="dibu_shouye_img" />
        <p class="dibu_shouye_biaoti">首页</p>
    </a>
    <a class="dibu_shoucang" v-on:click="shoucang()">
        <img src="img/shoucang.png" class="dibu_shoucang_img" />
```

```
            <p class="dibu_shoucang_biaoti" >收藏</p>
        </a>
        <a class="dibu_gouwuche" href="gouwuche.html">
            <img src="img/gouwuche.png" class="dibu_gouwuche_img" />
            <p class="dibu_gouwuche_biaoti">购物车</p>
        </a>
        <div class="dibu_jiaGWC" v-on:click="gouwuche()">加入购物车</div>
        <div class="dibu_goumai" v-on:click="goumai()">立即购买</div>
    </div><!--用户登录状态下显示的内容-结束-->
    <!--用户没有登录状态下显示的内容-开始-->
    <div class="dibu" id="dl_no">
        <a class="dibu_shouye" href="index.html">
            <img src="img/shouye.png" class="dibu_shouye_img" />
            <p class="dibu_shouye_biaoti">首页</p>
        </a>
        <a class="dibu_shoucang" onClick="denglu()">
            <img src="img/shoucang.png" class="dibu_shoucang_img" />
            <p class="dibu_shoucang_biaoti" >收藏</p>
        </a>
        <a class="dibu_gouwuche"  onClick="denglu()">
            <img src="img/gouwuche.png" class="dibu_gouwuche_img" />
            <p class="dibu_gouwuche_biaoti">购物车</p>
        </a>
        <div class="dibu_jiaGWC"  onClick="denglu()">加入购物车</div>
        <div class="dibu_goumai"  onClick="denglu()">立即购买</div>
    </div><!--用户没有登录状态下显示的内容-结束-->
    <!--底部菜单-结束-->
```

底部的菜单，需要根据是否处于登录状态来进行操作：如果登录了，则显示 id="dl_yes" 的代码块；如果没有登录，则显示 id="dl_no" 的代码块。JavaScript 核心代码如下：

```
<script>
    //自定义提示登录和跳转方法denglu
    function denglu(){
        if(confirm("请登录")){ //弹出提示，点击确认
            window.location.href = "u_login.html" //跳转到用户登录页面
        }
    }
    //已经登录状态
    if(localStorage.u_login=="yes"){
        document.getElementById("dl_yes").style.display="";
//id="dl_yes"代码块显示
        document.getElementById("dl_no").style.display="none";
//id="dl_no"代码块隐藏
    }else{
        document.getElementById("dl_yes").style.display="none";
//id="dl_yes"代码块隐藏
        document.getElementById("dl_no").style.display="";
//id="dl_no"代码块显示
    }
</script>
```

14.3.3 收藏

没有登录情况下，"收藏"的代码如下：

```
<a class="dibu_shoucang" onClick="denglu()">
```

点击"收藏"，弹出提示，然后跳转到登录页面。

登录情况下，"收藏"的代码如下：

```
<a class="dibu_shoucang" v-on:click="shoucang()">
```

点击"收藏"，调用接口，将当前产品信息写入用户的收藏。

1. 接口

该接口只限于登录的用户使用。

ASP 接口：http://vue.yaoyiwangluo.com/wx_shoucang_add.asp。

涉及的主要参数如下。

❑ cs_uid：登录的用户 id。

❑ cs_cpid：要收藏的产品 id。

根据上面提供的接口程序 + 参数，我们提供了一个真实的数据接口。

系统提供一个测试 cs_uid =707，cs_cpid =650，组合地址如下：http://vue.yaoyiwangluo.com/wx_shoucang_add.asp?cs_uid=707&cs_cpid=650。

直接将上面的组合样本地址复制到浏览器执行，可以看到返回信息。

返回数据如下：

```
{"zt":"no","xinxi":"已经收藏"}
```

数据字段含义：

❑ zt：若为 yes 表示收藏成功；若为 no 表示收藏的其他信息。

❑ xinxi：收藏返回的信息（收藏成功 | 已经收藏）。

2. 实战

点击收藏后，根据登录的用户 id 和产品 id，提交到接口；根据返回的是否成功状态，显示不同的信息：返回的状态 zt="yes"，弹出"收藏成功"；返回的状态 zt="no"，则弹出返回的错误信息。核心 Vue.js 代码如下：

```
//自定义函数shoucang; 将产品加入用户的收藏
shoucang:function(){
    axios.get('http://vue.yaoyiwangluo.com/wx_shoucang_add.asp',//接口
        {
            params:{
                cs_uid:localStorage.u_id,      //参数1: 用户id
                cs_cpid:cs1_zhi                //参数2: 产品id
```

```
                    }
                }
            )
            .then(function (response) {
                //response.data 返回值，下面插入你要执行的代码
                console.log(response);//控制台输出调试信息
                console.log(response.data);//控制台输出调试信息
                if(response.data.zt=="yes"){ //收藏成功
                    alert("收藏成功");  //弹出提示信息
                }
                if(response.data.zt=="no"){ //收藏失败
                    alert(response.data.xinxi);//弹出失败信息
                }
            }.bind(this)) //then 结束，上面赋值结束后，这里一定要执行bind，否则无数据
            .catch(function (error) {
                console.log(error);
            }); //axios.get 结束
}, //shoucang 结束
```

14.3.4　加购物车

在没有登录的情况下，"加入购物车"的代码如下：

```
<div class="dibu_jiaGWC"  onClick="denglu()">加入购物车</div>
```

点击"加入购物车"，弹出提示，然后跳转到登录页面。

在登录的情况下，"加入购物车"的代码如下：

```
<div class="dibu_jiaGWC" v-on:click="gouwuche()">加入购物车</div>
```

点击"加入购物车"，调用接口，将当前产品信息写入用户的购物车。

1. 接口

该接口只限于登录的用户使用。

ASP 接口：http://vue.yaoyiwangluo.com/wx_gwc_add.asp。

主要涉及的参数如下。

❑ cs_uid：用户 id（提供一个测试数据 =707）。

❑ cs_cpid：产品 id（提供一个测试数据 =650）。

❑ cs_cp_mingcheng：产品名称（提供一个测试数据 = 雪域精粹水乳套装）。

❑ cs_jiage：产品价格（提供一个测试数据 =253）。

根据上面提供的接口程序 + 参数，我们提供了一个真实的数据接口，地址为 http://vue.yaoyiwangluo.com/wx_gwc_add.asp?cs_uid=707&cs_cpid=650&cs_cp_mingcheng= 雪域精粹水乳套装 &cs_jiage=253。

第一次加入购物车的返回数据如下：

```
{"zt":"yes","xinxi":"购物车成功","uid":"0"}
```

重复加入购物车的返回数据如下：

```
{"zt":"no","xinxi":"已经在购物车","uid":"0"}
```

数据字段含义：

❑ zt：若为 yes 表示加入购物车成功；若为 no 表示加购物车的其他信息。

❑ xinxi：加购物车返回的信息（购物车成功 | 已经在购物车）。

2. 实战

核心 Vue.js 代码如下：

```
//加购物车，自定义函数gouwuche，将当前产品信息加入当前登录用户的购物车
gouwuche:function(){
    axios.get('http://vue.yaoyiwangluo.com/wx_gwc_add.asp',//接口
        {
            params:{
                cs_uid:localStorage.u_id,      //参数1：用户id
                cs_cpid:cs1_zhi,               //参数2：产品id
                cs_cp_mingcheng:cs2_zhi,       //参数3：产品名称
                cs_jiage:this.jiage            //参数4：产品价格
            }
        }
    )
        .then(function (response) {
        //response.data 返回值，下面插入你要执行的代码
        if(response.data.zt=="yes"){ //加购物车成功
            alert("加入购物车成功"); //弹出提示信息
        }
        if(response.data.zt=="no"){      //加购物车失败
            alert(response.data.xinxi);//弹出失败信息
        }
    }.bind(this))//then 结束，上面赋值结束后，这里一定要执行bind，否则无数据
    .catch(function (error) {
        console.log(error);
    });    //axios.get 结束
}, //gouwuche 结束
```

14.3.5　立即购买

调用接口与加购物车的接口一致，这里我们需要在加入购物车成功后直接跳转到购物车。

根据当前登录的用户 id、产品 id、要购买的产品名称、产品价格，提交到购买的接口。根据返回的是否成功的状态，显示不同的信息：返回的状态 zt="yes"，则跳转到购物车页面；返回的状态 zt="no"，则弹出返回的错误信息。核心 Vue.js 代码如下：

```
//立即购买，自定义函数goumai，将当前产品信息加入当前登录用户的购物车，然后跳转到购物车
goumai:function(){
    axios.get('http://vue.yaoyiwangluo.com/wx_gwc_add.asp',//接口
        {
            params:{
                cs_uid:localStorage.u_id,              //参数1：用户id
                cs_cpid:cs1_zhi,                        //参数2：产品id
                cs_cp_mingcheng:cs2_zhi,                //参数3：产品名称
                cs_jiage:this.jiage                     //参数4：产品价格
            }
        }
    )
    .then(function (response) {
        //response.data 返回值，下面插入你要执行的代码
        if(response.data.zt=="yes"){                    //加购物车成功
            //alert("加入购物车成功");
            window.location.href="gouwuche.html";       //跳转到购物车
        }
        if(response.data.zt=="no"){                      //加购物车失败
            alert(response.data.xinxi);                 //弹出失败信息
            window.location.href="gouwuche.html";       //跳转到购物车或者其他页面
        }
    }.bind(this)) //then 结束,上面赋值结束后，这里一定要执行bind,否则无数据
    .catch(function (error) {
        console.log(error);
    }); //axios.get 结束
}, //goumai 结束
```

14.4　产品详情

本节主要讲解产品详情内容的获取，完整代码参考 chanpin_xiangqing2.html。效果如图 14-4 所示。

图 14-4　产品详情页面

1. 概要

产品详情页面不能通过点击产品链接直接到达，需要点击产品链接，先显示产品的简介信息，然后点击顶部的菜单"详情"进行跳转，跳转的同时会带上产品的 id 和产品的名称。

在产品简介中，"详情"的链接代码如下：

```
//详情链接
document.getElementById("lj02").href="chanpin_xiangqing2.html?id=" + cs1_zhi +
    "&mc=" + cs2_zhi;
```

2. 接口

该接口只限于登录的用户使用。

ASP 接口：http://vue.yaoyiwangluo.com/wx_sp_info-b.asp。

参数 cp_id：产品 id（提供一个测试数据 =650）。

根据上面提供的接口程序 + 参数，我们提供了一个真实的数据接口，地址为 http://vue.yaoyiwangluo.com/wx_sp_info-b.asp?cp_id=650。

返回数据如下：

```
<p>
    <br />
</p>
<p>
    冰肌水+乳液+雪域三件套（化妆品套装）
</p>
<br />
<p>
    自然堂（CHANDO）雪域精粹水乳套装
</p>
<p>
    <br />
</p>
<p>
    <img src="http://vue.yaoyiwangluo.com/kindeditor/attached/image/20190715/
        201907151828190071907.jpg" alt="" />
</p>
```

返回的是产品的详细介绍信息，包含了 html 代码的富文本信息。

3. 实战

界面代码如下：

```
<div id="app"><!--需要使用vue.js语法的内容，都需要写在id="app"代码块之间-->
    <div v-html="neirong" ></div>
</div> <!--id="app" 结束-->
```

根据当前页面的产品 id，通过接口来获取详情信息，具体步骤如下。

1）在 Vue.js 的 data 区域，定义变量 neirong（存放产品详情内容）。

2）在 methods 区域，自定义方法 GetCpXinxi，用于获取产品详情，将返回值赋值给变量 neirong。

3）在 mounted 区域，调用自定义方法 GetCpXinxi，执行数据获取。

核心 Vue.js 代码如下：

```
<script>
new Vue({
    el: '#app',//指定id="app"代码块内可以使用Vue.js语法
    data: {
        neirong:"" //初始化变量，产品详情
    },
    //页面初始化要执行的
    mounted:function(){
        //调用自定义方法GetCpXinxi，获取产品详情
        this.GetCpXinxi();//this别忘记，方法名后面的()不能遗漏
    },
    //自定义的函数（方法）
    methods:{
        //自定义方法GetCPxinxi；根据产品的id，获取产品详情
        GetCpXinxi:function(){
            axios.get('http://vue.yaoyiwangluo.com/wx_sp_info-b.asp',//接口
                {
                    params:{
                        cp_id:cs1_zhi //参数：产品id
                    }
                }
            )
            .then(function (response) {
                //response.data 返回值，下面插入你要执行的代码
                this.neirong = response.data;//获取的产品详情，赋值给变量
            }.bind(this)) //then 结束，上面赋值结束后，这里一定要执行bind，否则无数据
            .catch(function (error) {
                console.log(error);
            });//axios.get 结束
        },//GetCPxinxi 结束

    }, //methods 结束
}))//new Vue 结束
</script>
```

14.5　产品评论

本节讲解如何创建产品的评论列表，详细代码请参考 chanpin_xiangqing3.htm。效果如图 14-5 所示。

图 14-5　产品评论页面

1. 概要

产品评论页面不能通过点击产品链接直接到达，需要点击产品链接，先显示产品的简介信息，然后点击顶部的菜单"评论"进行跳转，跳转的同时会带上产品的 id 和产品的名称两个参数。

在产品简介中，"评论"的链接代码如下：

```
//评论链接
document.getElementById("lj03").href="chanpin_xiangqing3.html?id=" + cs1_zhi +
    "&mc=" + cs2_zhi;
```

2. 接口

该接口只限于登录的用户使用。

ASP 接口：http://vue.yaoyiwangluo.com/wx_Pinglun_list_vue.asp?cpid=650。

参数 cpid：产品 id（提供一个测试数据 =650）。

根据上面提供的接口程序 + 参数，我们提供了一个真实的数据接口，地址为 http://vue.yaoyiwangluo.com/wx_Pinglun_list_vue.asp?cpid=650。

返回数据如下：

```
[
    {
        "xingming" : "杭州摇亿.黄菊华",
        "touxiang" : "http://vue.yaoyiwangluo.com/up/uploadfiles/x13933132.jpg",
        "riqi" : "2019/8/2",
        "xing" : 5,
```

```
            "neirong" : "东西不错；已经用了；物流也很快，隔天就到了！"
        },
        {
            "xingming" : "杭州摇亿.黄菊华",
            "touxiang" : "http://vue.yaoyiwangluo.com/up/uploadfiles/x4933132.jpg",
            "riqi" : "2019/7/31",
            "xing" : 4,
            "neirong" : "东西不错"
        }
    ]
```

数据字段含义：

❑ xingming：字符串，评论用户的姓名。

❑ touxiang：字符串，评论用户头像。

❑ riqi：字符串，评论的日期。

❑ xing：整数，评论的几星（1 ~ 5 星）。

❑ neirong：字符串，评论内容。

3. 实战

每个产品的评论页面，显示的是已经购买产品用户评论的信息，根据获取的评论信息
pls，循环显示对应的字段内容。界面代码如下：

```
<div id="app"><!--需要使用vue.js语法的内容，都需要写在id="app"代码块之间-->
<!--产品评论-循环开始-->
<div v-for="pl in pls">
    <div class="pinglun" >
        <div class="pinglun_tou">
            <img v-bind:src="pl.touxiang" class="pinglun_tou_img" />
            <!--评论用户头像-->
            <p class="pinglun_tou_nicheng">{{pl.xingming}}</p><!--评论用户名-->
            <p class="pinglun_tou_shijian">{{pl.riqi}}</p><!--评论日期-->
        </div>
        <div class="pinglun_zhong">
            <div class="pinglun_zhong_xing">
                <!--评论-几星-->
                <img src="img/xing0.png" v-for="n in pl.xing"/>
            </div>
            <div class="pinglun_zhong_neirong">
                {{pl.neirong}}<!--评论-内容-->
            </div>
        </div>
    </div>
    <div class="gaodu10"></div>
</div><!--产品评论-循环结束-->
</div> <!--id="app" 结束-->
```

根据当前产品的 id，获取每个产品的评论信息，循环显示在页面，具体步骤如下。

1）在 Vue.js 的 data 区域，定义变量 pls（数组，初始为空）。

2）在 methods 区域，自定义方法 GetPingLun，用于获取产品评论信息，将返回值赋值给变量 pls。

3）在 mounted 区域，调用自定义方法 GetPingLun，执行数据获取。

Vue.js 代码如下：

```
<script>
new Vue({
    el: '#app',//指定id="app"代码块内可以使用Vue.js语法
    data: {
        pls:[] //初始化数组，评论内容（多条）
    },
    //页面初始化要执行的
    mounted:function(){
        //调用自定义方法GetPinLun，获取产品的评论
        this.GetPingLun();//this别忘记，方法名后面的()不能遗漏
    },
    //自定义的函数（方法）
    methods:{
        GetPinLun:function(){
            axios.get('http://vue.yaoyiwangluo.com/wx_Pinlun_list_vue.asp',//接口
                {
                    params:{
                        cpid:cs1_zhi //参数：产品id
                    }
                }
            )
            .then(function (response) {
                //response.data 返回值，下面插入你要执行的代码
                this.pls = response.data; //获取的产品评论内容，赋值给变量
            }.bind(this)) //then 结束，上面赋值结束后，这里一定要执行bind，否则无数据
            .catch(function (error) {
                console.log(error);
                });    //axios.get 结束
        }, //GetPingLun 结束

    }, //methods 结束
}))//new Vue 结束
</script>
```

14.6　信息列表

本节讲解信息列表功能的实现，详细代码参考 xinwen_list.html。效果如图 14-6 所示。接口内容参考 12.3 节。

我们回顾一下首页"活动列表"和"帮助中心"的链接：

```
<a href="xinwen_list.html?cs_lxid=11&cs_lxmc=活动列表" class="caidan_lianjie">
    <img src="img/menu02.png"  class="caidan_img" />
    <p>活动列表</p>
</a>
<a href="xinwen_list.html?cs_lxid=10&cs_lxmc=帮助中心" class="caidan_lianjie">
    <img src="img/menu03.png"  class="caidan_img" />
    <p>帮助中心</p>
</a>
```

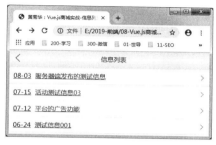

图 14-6　信息列表页面

在链接中有两个参数：

❑ cs_lxid：信息类型 id（数字）。

❑ cs_lxmc：信息类型名称（数字），案例提供了一个类型 id=11。

1. 获取参数

根据上面的分析，实现信息列表，首先要获取参数。JavaScript 代码如下：

```
<script>
    //来源样本 xinwen_list.html?cs_lxid=11&cs_lxmc=活动列表
    //下面代码获取页面的参数（类型id和类型名称）
    urlinfo = window.location.href  //获取当前页面的url
    console.log(urlinfo);//输出到控制台查看
    len = urlinfo.length; //获取url的长度
    offset =urlinfo.indexOf("?");//设置参数字符串开始的位置
    neirong = urlinfo.substr(offset+1,len);
    //取出参数字符串，这里会获得类似"cs_lxid=11&cs_lxmc=活动列表"这样的字符串
    console.log(neirong);//输出到控制台查看
    neirong1 = neirong.split("&");//对获得的参数字符串按照 "&" 进行分隔
    //neirong1是数组

    //neirong1[0]内容 cs_lxid=11
    cs1 = neirong1[0].split("=");
    cs1_mc = cs1[0];//得到参数名字 cs_lxid
    cs1_zhi = cs1[1];//得到参数值 11
    console.log("参数1的名称: "+cs1_mc + " | 参数1的值: "+cs1_zhi);

    //neirong1[1]内容, cs_lxmc=活动列表
    cs2 = neirong1[1].split("=");
```

```
    cs2_mc = cs2[0];//得到参数名字 cs_lxmc
    cs2_zhi = decodeURI(cs2[1]);//得到参数值活动列表
    console.log("参数2的名称: "+cs2_mc + " | 参数2的值: "+cs2_zhi);
</script>
```

2. 实战

根据获取的新闻列表数据 xinwens，按接口提供的字段内容循环显示。界面代码如下：

```
<div id="app"><!--需要使用vue.js语法的内容，都需要写在id="app"代码块之间-->
<!--信息列表循环开始-->
<div v-for="xinwen in xinwens">
    <!--信息详情链接-->
    <a class="xinxi_liebiao" v-bind:href="'xinwen_xiangqing.html?id='+xinwen.
        myid+'&mc='+ xinwen.mybiaoti" >
        <div class="xinxi_liebiao_zuo">{{xinwen.myshijian}}</div><!--信息时间-->
        <div class="xinxi_liebiao_zhong">{{xinwen.mybiaoti}}</div><!--信息标题-->
        <img src="img/right.png" class="xinxi_liebiao_you" />
    </a>
</div><!--信息列表循环结束-->
</div><!--id="app" 结束-->
```

根据信息分类 id，通过接口获取对应分类信息并赋值给变量 xinwens，具体步骤如下。

1）在 Vue.js 的 data 区域，定义变量 xinwens（新闻资讯数组，初始为空）。

2）在 methods 区域，自定义方法 GetXinwens，用于获取资讯信息，将返回值赋值给变量 xinwens。

3）在 mounted 区域，调用自定义方法 GetXinwens，执行数据获取。

Vue.js 核心代码如下：

```
<script>
new Vue({
    el:"#app", //指定id="app"代码块内可以使用Vue.js语法
    data:{
        xinwens:[] //初始化数组变量，用于存放信息数据（多条）
    },
    //页面初始化要执行的
    mounted:function(){
        //调用自定义方法GetXinwens，获取信息数据
        this.GetXinwens();//this别忘记，方法名后面的()不能遗漏
    },
    //自定义的函数（方法）
    methods:{
        //自定义函数GetXinwens，通过接口加载信息列表
        GetXinwens:function(){
            axios.get(`http://vue.yaoyiwangluo.com/wx_news_list.asp`,
                {
                    params:{
                        cs_shuliang:100,    //参数1：信息数量
                        cs_lxid:cs1_zhi     //类型2：信息的类型id
```

```
                }
            }
        )
        .then(function (response) {
            //response.data 返回值，下面插入你要执行的代码
            console.log(response.data);//控制台输出调试信息
            this.xinwens = response.data; //赋值
        }.bind(this))//then 结束，上面赋值结束后，这里一定要执行bind，否则无数据
        .catch(function (error) {
            console.log(error);
        });    //axios.get 结束
    },  //GetXinwens 结束
    }, //method 结束
}) //new Vue 结束
</script>
```

14.7　信息详情

本节讲解信息详情功能的实现，详细代码参考 xinwen_xiangqing.html。效果如图 14-7 所示。

图 14-7　信息详情页面

我们这里先参考一下信息列表到信息详情的链接代码：

```
<a class="xinxi_liebiao" v-bind:href="'xinwen_xiangqing.html?id='+xinwen.
    myid+'&mc='+ xinwen.mybiaoti" >
```

在链接中有两个参数：

❑ id：信息 id（数字）。

❑ mc：信息标题（文字）。

1. 获取参数

根据上面的分析，实现信息详情首先要获取参数。JavaScript 代码如下：

```
<script>
```

```
//样本 xinwen_xiangqing.html?id=12&mc=测试信息001
//下面代码获取页面的参数
urlinfo = window.location.href  //获取当前页面的url
console.log(urlinfo); //输出到控制台查看
len = urlinfo.length; //获取url的长度
offset =urlinfo.indexOf("?");//设置参数字符串开始的位置
neirong = urlinfo.substr(offset+1,len);
//取出参数字符串，这里会获得类似"id=12&mc=测试信息001"这样的字符串
console.log(neirong);//输出到控制台查看
neirong1 = neirong.split("&");//对获得的参数字符串按照"="进行分隔

//neirong1[0] 内容 id=12
cs1 = neirong1[0].split("=");
cs1_mc = cs1[0];//得到参数名字 id
cs1_zhi = cs1[1];//得到参数值 12
console.log("参数1的名称: "+cs1_mc + " | 参数1的值: "+cs1_zhi);

//neirong1[1] 内容 mc=测试信息001
cs2 = neirong1[1].split("=");
cs2_mc = cs2[0];//得到参数名字 mc
cs2_zhi = decodeURI(cs2[1]);//得到参数值，测试信息001
console.log("参数2的名称: "+cs2_mc + " | 参数2的值: "+cs2_zhi);
</script>
```

2. 接口

ASP 接口：http://vue.yaoyiwangluo.com/wx_news_info.asp。

参数 cs_xxid：信息 id（提供一个测试数据 =16）。

根据上面提供的接口程序 + 参数，我们提供了一个真实的数据接口，地址为 http://vue.yaoyiwangluo.com/wx_news_info.asp?cs_xxid=16。

返回数据如下：

```
{
"biaoti":"平台的广告功能",
"neirong":"<p><span></span><strong>功能</strong><span></span> </p><p><strong>
    <br/></strong> </p><p><span style='color:#FF9900;'>1.后台可以上传图片</span>
    </p><p><span style='color:#FF9900;'><br /></span> </p><p>2.添加广告信息
    </p><p><br /></p><p>3.添加广告的链接信息</p><p><br /></p><p>4.首页广告设置的1,2,3的
    广告图片</p><p><br /></p><p><br /></p><p><br /></p><p><br /></p>"
}
```

数据字段含义：

❑ Biaoti：字符串，信息标题。

❑ Neirong：字符串，信息内容。

3. 实战

信息详情页面主要显示一个信息的标题和信息的内容。界面代码如下：

```
<div id="app"><!--需要使用vue.js语法的内容,都需要写在id="app"代码块之间-->
    <!--信息标题-->
    <p class="dingbu_biaoti">{{mc}}</p>
    <!--信息内容-->
    <div v-html="neirong" class="neirong"></div>
</div><!--id="app" 结束-->
```

从信息列表点击到信息详情页面,会将信息的 id 作为参数传递到信息详情页面。在信息详情页面,根据获得的信息 id,通过接口获取信息的内容并显示,具体步骤如下。

1)在 Vue.js 的 data 区域,定义变量 mc(信息标题,初始为空)、neirong(信息内容标题,初始为空)。

2)在 methods 区域,自定义方法 GetXiangqing,用于获取信息详情,将返回值赋值给变量。

3)在 mounted 区域,调用自定义方法 GetXiangqing,执行数据获取。

Vue.js 核心代码如下:

```
<script>
new Vue({
    el: '#app', //指定id="app"代码块内可以使用Vue.js语法
    data: {
        mc:"",        //初始化变量,信息标题
        neirong:"" //初始化变量,信息内容
    },
    //页面初始化要执行的
    mounted:function(){
        //调用自定义方法GetXiangqing,获取信息详情
        this.GetXiangqing();//this别忘记,方法名后面的()不能遗漏
    },
        methods:{ //自定义的函数(方法)
        GetXiangqing:function(){
            this.mc= cs2_zhi; //标题赋值,从上一个页面通过参数传递过来
            axios.get(`http://vue.yaoyiwangluo.com/wx_news_info.asp`, //接口
                { params:{
                        cs_xxid:cs1_zhi      //参数:信息id
                    }}
                )
            .then(function (response) {
                //response.data 返回值,下面插入你要执行的代码
                this.neirong = response.data.neirong; //信息详情赋值
            }.bind(this)) //then 结束,上面赋值结束后,这里一定要执行bind,否则无数据
            .catch(function (error) {
                console.log(error);
            });    //axios.get 结束
        } //GetXiangqing 结束
    }, //method 结束
}) //new Vue 结束
</script>
```

Chapter 13　第 15 章

购物和订单处理

本章主要讲解 Vue 商城购物和订单处理相关功能的实现，包括：购物车实现，在购物车增加 / 减少商品数量，单选计费，全选计费，去结算，下单，订单列表，取消订单，去付款，确认收货，产品评论等。

完整的购物流程如图 15-1 所示。

主要分以下几个模块来讲解。

❑ 购物车：包括购物车产品列表、增加数量、减少数量、单选计费、全选计费、去结算。

❑ 下单：包括获取下单内容、选择用户地址、下单入库。

❑ 订单列表：实现用户的订单列表。

❑ 取消订单：实现取消订单。

❑ 去付款：订单付款的模拟实现。

❑ 确认收货：订单确认收货的实现。

❑ 产品评论：订单收货之后，实现用户评论。

15.1　购物车

本节主要讲解购物车的详细功能，包含：购物车产品列表，增加和减少数量，单选计费，全选、取消全选以及计费，去结算。详细代码参考 gouwuche.html。效果如图 15-2 所示。

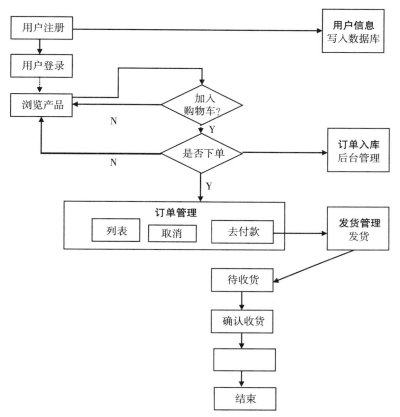

图 15-1　购物流程

图 15-2　购物车页面

15.1.1 购物车产品列表

1. 接口

ASP 接口：http://vue.yaoyiwangluo.com/wx_gwc_list.asp。

参数 uid：整型数字，用户 id（提供一个测试数据 =707）。

根据上面提供的接口程序 + 参数，我们提供了一个真实的数据接口，地址为 http://vue.yaoyiwangluo.com/wx_gwc_list.asp?uid=707。

返回数据如下：

```
[
    {
        "gwc_id" : "200372",
        "cp_id" : "650",
        "cp_tupian" : "http://vue.yaoyiwangluo.com/tupian/2019/xx5.jpg",
        "cp_mingcheng" : "自然堂雪域精粹水乳套装",
        "cp_shuliang":"1",
        "cp_kucu" : "100",
        "cp_yixiaoshou" : "55",
        "jiage" : "253",
        "shijian_gouwuche" : "2019/9/10 10:56:13"
    } ,
    {
        "gwc_id" : "200373",
        "cp_id" : "645",
        "cp_tupian" : "http://vue.yaoyiwangluo.com/tupian/2019/xx.jpg",
        "cp_mingcheng" : "测试产品06",
        "cp_shuliang":"1",
        "cp_kucu" : "100",
        "cp_yixiaoshou" : "55",
        "jiage" : "46",
        "shijian_gouwuche" : "2019/9/10 10:56:18"
    }
]
```

数据字段含义：

❑ gwc_id：整型数字，购物车 id。

❑ cp_id：整型数字，产品 id。

❑ cp_tupian：产品的主图。

❑ cp_mingcheng：产品名称。

❑ cp_shuliang：产品购买数量。

❑ cp_kucu：产品库存。

❑ cp_yixiaoshou：产品已销售。

❑ jiage：价格。

❑ shijian_gouwuche：加入购物车时间。

2. 实战

根据获取的购物车产品数据 cps，循环显示，cp 代表每个产品的信息，根据接口提供的字段填充到对应位置。界面代码如下：

```
<div id="app"><!--需要使用vue.js语法的内容,都需要写在id="app"代码块之间-->
<!--购物车-产品列表-for循环开始-->
<div v-for="(cp,index) in cps">
    <!--购物车-单个产品-->
    <div class="gwc_cp">
        <!--购物车-产品-单号栏-->
        <div class="dingdan_hao">
            <div class="dingdan_hao_zuo">时间: {{cp.shijian_gouwuche}}</div>
                <!--加入购物车时间-->
            <a href="#" class="dingdan_hao_you"><!--加入购物车时间-->
                <img src="img/del.png" alt="" class="dingdan_hao_you_img" />
                    <!--删除图标-->
            </a>
        </div>

        <!--购物车-产品区块-->
        <div class="gwc_cp_xiangmu">
            <!--购物车-产品区块-左侧-选择项-->
            <div class="gwc_cp_xiangmu_xuanzhhe">
                <input type="checkbox" class="gwc_cp_xiangmu_xuanzhhe_chk"
                    :value="cp.gwc_id"  name="xuanxiangs" @click="ck(index)" />
            </div>
            <!--购物车-产品区块-中间-图片-->
            <div class="gwc_cp_xiangmu_tupian">
                <img  v-bind:src="cp.cp_tupian"  class="gwc_cp_xiangmu_tupian_img" />
            </div>
            <!--购物车-产品区块-右侧-产品信息-->
            <div class="gwc_cp_xiangmu_xinxi">
                <div class="gwc_cp_xiangmu_xinxi_biaoti">
                    {{cp.cp_mingcheng}}<!--购物车-产品区块-右侧-产品名称-->
                </div>
                <div class="gwc_cp_xiangmu_xinxi_shuxing">
                    <!--购物车-产品区块-右侧-产品库存和已销售-->
                    库存: {{cp.cp_kucu}} |  已销售: {{cp.cp_yixiaoshou}}
                </div>
                <!--购物车-产品区块-右侧-产品信息-价格-->
                <div class="gwc_cp_xiangmu_xinxi_jiage">
                    <div class="gwc_cp_xiangmu_xinxi_jiage_zuo">¥ {{cp.jiage}}</div>
                    <div class="gwc_cp_xiangmu_xinxi_jiage_you">
                        <!--减少数量-->
                        <img src="img/jian1.png" class="gwc_cp_xiangmu_xinxi_
                            jiage_you1" v-on:click="remove(index,cp.gwc_id)" />
                        <!--产品数量-->
```

```
                    <input type="text" v-bind:value="cp.cp_shuliang"
                        class="gwc_cp_xiangmu_xinxi_jiage_you2" size="2"  />
                    <!--增加数量-->
                    <img src="img/jia1.png" class="gwc_cp_xiangmu_xinxi_
                        jiage_you3" v-on:click="add(index,cp.gwc_id)" />
                </div>
            </div>
        </div>
    </div>
</div>
    <div class="huise10"></div>
</div><!--购物车-产品列表-for循环结束-->

</div><!--id="app" 结束-->
```

在产品页面点击"购物车",或者直接点击"购买"按钮跳转到购物车,购物车页面列出的是当前登录用户想购买的产品列表数据。具体实现步骤如下。

1)在 Vue.js 的 data 区域,定义变量 cps(购物车产品数组,初始为空)。

2)在 methods 区域,自定义方法 GetCps,用于获取购物车产品信息,将返回值赋值给变量 cps。

3)在 mounted 区域,调用自定义方法 GetCps,执行数据获取。

Vue.js 核心代码如下:

```
<script>
new Vue({
    el: '#app', //指定id="app"代码块内可以使用Vue.js语法
    data: {
        cps:[],          //初始化数组变量,用户购物车产品列表
        zongfeiyong:0,//初始化变量,默认没有选择任何产品,费用是0
        cpids:""         //初始化变量,空值,用于存放选中的产品id字符串
    },
    //页面初始化要执行的
    mounted:function(){
            //调用自定义方法GetCps,获取用户购物车的所有产品列表
        this.GetCps();//this别忘记,方法名后面的()不能漏
    },
    //自定义的函数(方法)
    methods:{
        //自定义函数GetCps,加载购物车产品列表
        GetCps:function(){
            axios.get('http://vue.yaoyiwangluo.com/wx_gwc_list.asp', //接口
                {
                    params:{
                        uid:localStorage.u_id //参数: 用户id
                    }
                }
            )
            .then(function (response) {
```

```
                    //response.data 返回值，下面插入你要执行的代码
                    console.log(response.data);//控制台输出调试信息
                    this.cps = response.data;  //获取的购物车数据赋值给变量
                }.bind(this))//then 结束，上面赋值结束后，这里一定要执行bind，否则无数据
                .catch(function (error) {
                    console.log(error);
                });    //axios.get 结束
        }, //GetCps 结束

        //自定义函数add，增加某个产品数量

        //自定义函数remove，减少某个产品数量

        //自定义函数ck，单选计费

        //自定义函数quanxuan，全选和取消全选

        //自定义函数jiesuan，去结算功能

    }, //method 结束
}) //new Vue 结束
</script>
```

15.1.2　增加和减少数量接口

ASP 接口：http://vue.yaoyiwangluo.com/wx_gwc_shuxiugai.asp。

涉及的主要参数如下。

❑ cs_user_id：整型数字，用户 id（提供一个测试数据 =707）。

❑ cs_gwc_id：整型数字，购物车 id（提供一个测试数据 =200372）。

❑ cs_cp_shu：整型数字，要购买的产品数量（提供一个测试数据 =2）。

根据上面提供的接口程序 + 参数，我们提供了一个真实的数据接口，地址为 http://vue.yaoyiwangluo.com/wx_gwc_shuxiugai.asp?cs_user_id=707&cs_gwc_id=200372&cs_cp_shu=2。

返回数据如下：

```
{"zt":"yes","xinxi":"数量修改成功"}
```

数据字段含义：

❑ zt：若为 yes 表示数量修改成功，若为 no 表示其他信息。

❑ xinxi：修改操作返回的信息（数量修改成功）。

15.1.3　增加数量

这里增加数量的方法名称为 add，前台代码如下：

```
<img src="img/jia1.png" class="gwc_cp_xiangmu_xinxi_jiage_you3"
v-on:click="add(index,cp.gwc_id)" />
```

增加数量时需要传递两个参数：index 代表要增加的是当前购物车产品列表的第 index 个；gwc_id 是购物车的 id。具体步骤如下。

1）获取当前要更新的产品数量并加 1。代码如下：

```
var shumu = ++this.cps[index].cp_shuliang;
```

2）判断当前增加数量的产品是否勾选了，如果勾选了则总费用要加上。

3）根据当前的用户 id、购物车 id、要更新的产品数量，提交数据到接口更新数据。

Vue.js 核心代码如下：

```
//自定义函数add，增加某个产品数量
add:function(index,gwc_id){
    //index表示序号，gwc_id表示购物车id
    console.log("购物车id:"+gwc_id+" | index:"+ index); //控制台输出调试信息
    var shumu = ++this.cps[index].cp_shuliang; //指定的购物车产品数量加1
    var obcNameList = document.getElementsByName("xuanxiangs");//获取dom数中名称为
                                                    xuanxiangs的checkbox

    //下面代码计算总费用
    //如果当前增加产品数量的产品，前面勾选了，则总费用需要增加
    if(obcNameList[index].checked==true){ //勾选了
        this.zongfeiyong = this.zongfeiyong + Number(this.cps[index].jiage)
        //当前总费用加上当前产品的单价（每次是增加1个数量）
    }
    console.log("数目: "+shumu) //控制台输出调试信息
    axios.get('http://vue.yaoyiwangluo.com/wx_gwc_shuxiugai.asp',//接口
        {
            params:{
                cs_user_id:localStorage.u_id, //参数1: 用户id
                cs_gwc_id:gwc_id,  //参数2: 购物车id
                cs_cp_shu:shumu    //参数3: 当前选中产品的数量
            }
        }
    )
    .then(function (response) {
        //response.data 返回值，下面插入你要执行的代码
    }.bind(this)) //then 结束，上面赋值结束后，这里一定要执行bind，否则无数据
    .catch(function (error) {
        console.log(error);
    });//axios.get 结束
},//add 结束
```

15.1.4 减少数量

这里减少数量的方法名称为 remove，前台代码如下：

```
<img src="img/jian1.png" class="gwc_cp_xiangmu_xinxi_jiage_you1"
    v-on:click="remove(index,cp.gwc_id)" />
```

减少数量时需要传递两个参数：index 代表要减少的是当前购物车产品列表的第 index 个；gwc_id 是购物车的 id。具体步骤如下。

1）获取当前要更新的产品数量并减 1。代码如下：

```
var shumu = --this.cps[index].cp_shuliang;
```

2）判断当前减少数量的产品是否勾选了，如果勾选了则总费用要减去。

3）根据当前的用户 id、购物车 id、要更新的产品数量，提交数据到接口更新数据。

Vue.js 核心代码如下：

```
//自定义函数remove，减少某个产品数量
remove:function(index,gwc_id){
    //index表示序号，gwc_id表示购物车id
    //减小产品的时候需要判断产品的数量
    //产品的数量不能小于1个
    if(Number(this.cps[index].cp_shuliang)<=1){//当前产品数量<=1
        alert("产品数量不能少于1");//弹出提示
        //这里也可以做删除处理
    }else{
        var shumu = --this.cps[index].cp_shuliang; //指定的购物车产品数量减少1
        var obcNameList = document.getElementsByName("xuanxiangs");//获取dom数中名称
                                                    为xuanxiangs的checkbox
        //下面代码计算总费用
        //如果当前增加产品数量的产品，前面勾选了，则总费用需要增加
        if(obcNameList[index].checked==true){//勾选了
            this.zongfeiyong = this.zongfeiyong - Number(this.cps[index].jiage)
            //当前总费用减去当前产品的单价（每次是减少1个数量）
        }
        axios.get('http://vue.yaoyiwangluo.com/wx_gwc_shuxiugai.asp',//接口
            {
                params:{
                    cs_user_id:localStorage.u_id,//参数1：用户id
                    cs_gwc_id:gwc_id, //参数2：购物车id
                    cs_cp_shu:shumu    //参数3：当前选中产品的数量
                }
            }
        )
        .then(function (response) {
            //response.data 返回值，下面插入你要执行的代码
        }.bind(this))//then 结束，上面赋值结束后，这里一定要执行bind，否则无数据
        .catch(function (error) {
            console.log(error);
        }); //axios.get 结束
    } //if 结束
},//remove 结束
```

15.1.5　单选计费

单选计费的前台代码如下：

```
<input type="checkbox" class="gwc_cp_xiangmu_xuanzhhe_chk" :value="cp.gwc_id"
    name="xuanxiangs" @click="ck(index)" />
```

在购物车列表中，默认没有勾选产品，如果你想下单购物车中的某个产品，则需要勾选；在勾选的同时，会计算当前要下单的产品总费用。Vue.js 核心代码如下：

```
//自定义函数ck，单选计费
ck:function(index){ //index表示序号
    var obcNameList = document.getElementsByName("xuanxiangs");
    //获取dom数中名称为xuanxiangs的checkbox
    //下面代码计算总费用
    //如果当前增加产品数量的产品，前面勾选了，则总费用需要增加
    if(obcNameList[index].checked==true){ //勾选了
        this.zongfeiyong = this.zongfeiyong + this.cps[index].jiage*this.
            cps[index].cp_shuliang;
        //当前总费用加上当前产品的单价（每次是增加1个数量）
    }else{ //取消勾选
        this.zongfeiyong = this.zongfeiyong - this.cps[index].jiage*this.
            cps[index].cp_shuliang;
        //当前总费用减去当前产品的单价（每次是减少1个数量）
    }//if 结束
},//ck 结束
```

15.1.6　全选、取消全选、计费

前台代码如下：

```
<input  type="checkbox" class="dibu_jiesuan_zuo_chk" id="quanxian"
    name="quanxuan" @click="quanxuan()" />
<label for="quanxian">全选</label>
```

在购物车列表中，默认没有勾选产品，如果你想下单购物车中的某些产品，可以一个一个勾选；也可以直接勾选"全选"来全部选中，取消勾选来取消全选，同时会计算当前要下单的产品总费用。Vue.js 核心代码如下：

```
//自定义函数quanxuan，全选和取消全选
quanxuan:function(){
    this.zongfeiyong = 0; //初始0
    var obcNameList = document.getElementsByName("xuanxiangs");
    //获取dom数中名称为xuanxiangs的checkbox
    if(document.getElementById("quanxian").checked==true){ //全选
        //循环所有的产品，勾选前面的选项，累加计费，得出总费用
        for(var i=0;i<obcNameList.length;i++){
            obcNameList[i].checked=true; //勾选前面的选项
            this.zongfeiyong=this.zongfeiyong+
```

```
                this.cps[i].jiage*this.cps[i].cp_shuliang //累加费用
            }
        }else{ //取消全选
            this.zongfeiyong = 0; //总费用清0
            //循环所有的产品，取消所有产品前面的勾选
            for(var i=0;i<obcNameList.length;i++){
                obcNameList[i].checked=false; //取消勾选前面的选项
            }
        }//if 结束
    },//quanxuan 结束
```

在上述代码中，if 语句进行全选和总费用计算处理，else 语句进行取消全选处理。

15.1.7　去结算

前台界面代码如下：

```
<a   class="dibu_jiesuan_you" @click="jiesuan()" style="cursor: pointer;">
去结算
</a>
```

在购物车，选中要下单的产品后，点击"去结算"，则跳转到下单页面，同时会将选中的产品 id（可以是单个或者多个）传递到下单页面。核心 Vue.js 代码如下：

```
//自定义函数jiesuan，去结算功能
//点击"去结算"按钮，获取已经选中的购物车中的购物车的id的集合支付串
//形如："112,234,556"
jiesuan:function(){
    this.cpids =""; //重置变量，用于存放选中的产品id字符串
    var obcNameList = document.getElementsByName("xuanxiangs");
    //获取dom数中名称为xuanxiangs的checkbox
    //下面循环所有的选项，判断哪些选中，选中的购物车的id拼接到字符串变量cpids
    for(var i=0;i<obcNameList.length;i++){
        if(obcNameList[i].checked==true){ //当前购物车产品前面勾选
            this.cpids = this.cpids + this.cps[i].gwc_id+","; //拼接字符串
        }
    }
    //去结算前，需要判断是否有选择产品
    if(this.cpids==""){ //没有选择要结算的产品
        alert("请选择产品"); //弹出提示
    }else{
        console.log("选择的产品ids:"+this.cpids); //控制台输出调试信息
        window.location = "gouwuche_xiadan.html?cpids=" + this.cpids;
        //将我们勾选的，要下单结算的，购物车的id支付串作为参数
        //一同跳转到订单结算的页面
    } //if 结束
}, // jiesuan 结束
```

15.2 下单

本节主要讲解下单的功能，包括获取参数、加载用户地址、加载下单产品列表、提交订单等。详细代码参考 gouwuche_xiadan.html。效果如图 15-3 所示。

图 15-3 下单页面

15.2.1 获取参数

从购物车页面选中产品，点击"去结算"跳转到下单页面的时候，会将选中的产品 id（单个或者多个）传递到该页面，形如：

```
gouwuche_xiadan.html?cpids=200397,200398,
```

核心 JavaScript 代码如下：

```
<script>
    //下面代码获取页面的参数来源于样本gouwuche_xiadan.html?cpids=200397,200398,
    urlinfo=window.location.href; //获取当前页面的url
    console.log(urlinfo); //输出到控制台查看
    len=urlinfo.length;//获取url的长度
    offset=urlinfo.indexOf("?");//设置参数字符串开始的位置
    neirong=urlinfo.substr(offset+1,len)
    //取出参数字符串 这里会获得类似"cpids=200397,200398,"这样的字符串
    console.log(neirong); //输出到控制台查看

    cs1=neirong.split("=") //字符串拆分为数组
    cs1_mc=cs1[0]; //得到参数名字
    cs1_zhi=cs1[1];//得到参数值
    cs1_zhi = cs1_zhi.substr(0,cs1_zhi.length-1);//去掉最后的逗号
```

```
    console.log(cs1_zhi); //输出到控制台查看，类似200397、200398的
</script>
```

15.2.2　加载用户地址

1. 接口

ASP 接口：http://vue.yaoyiwangluo.com/wx_dizhi_list.asp。

参数 cs_uid：整型数字，用户 id（提供一个测试数据 =707）。

根据上面提供的接口程序 + 参数，我们提供了一个真实的数据接口，地址为 http://vue.yaoyiwangluo.com/wx_dizhi_list.asp?cs_uid=707。

返回数据如下：

```
[
    {
        "dizhi_id": "220",
        "xingming" : "黄菊华",
        "shouji" : "13516821613",
        "diqu1" : "2135",
        "diqu2" : "2254",
        "diqu3" : "5169",
        "dizhi" : "东岗路118号雷恩国际科技创新园xx号",
        "yn_moren": "1"
    },
    {
        "dizhi_id": "221",
        "xingming" : "张三",
        "shouji" : "13512345678",
        "diqu1" : "2138",
        "diqu2" : "2326",
        "diqu3" : "5290",
        "dizhi" : "人名路11号",
        "yn_moren": "0"
    }
]
```

数据字段含义：

❑ dizhi_id：整型数字，地址 id。

❑ xingming：字符串，收货人姓名。

❑ shouji：字符串，收货人手机。

❑ diqu1：整型数字，1 级地区 id（省）。

❑ diqu2：整型数字，2 级地区 id（市）。

❑ diqu3：整型数字，3 级地区 id（区 / 县）。

❑ dizhi：字符串，收货详细地址。

❑ yn_moren：整型数字，是否默认（1 表示默认，0 表示普通）。

2. 实战

实现下单页面，首先要根据用户的 id 获取用户的收货地址，然后循环显示。界面代码
如下：

```
<div id="app"> <!--需要使用vue.js语法的内容，都需要写在id="app"代码块之间-->
    <!--用户地址列表 循环开始-->
    <div v-for="dizhi in dizhis">
        <div class="dizhi_zhong_xingming">
            <input type="radio" :value="dizhi.dizhi_id" name="dizhi_id"
                :checked="dizhi.yn_moren==1" >
            <!--单选 radio-->
            {{dizhi.xingming}} - {{dizhi.shouji}}<br>
            <!--收货人 姓名、手机-->
            {{dizhi.diqu1}}{{dizhi.diqu2}}{{dizhi.diqu3}}{{dizhi.dizhi}}({{dizhi.
                dizhi_id}})
            <!--收货人 1级地区、2级地区、3级地区、相抵地址、地址id-->
        </div>
    </div> <!--用户地址列表 循环结束-->
</div><!--id="app" 结束-->
```

根据当前登录的用户 id，获取对应的收货地址列表，具体步骤如下。

1）在 Vue.js 的 data 区域，定义变量 dizhis（地址列表，初始为空）。

2）在 methods 区域，自定义方法 UDiZhis，用于获取用户地址列表，将返回值赋值给
变量 dizhis。

3）在 mounted 区域，调用自定义方法 UDiZhis，执行数据获取。

Vue.js 核心代码如下：

```
<script>
new Vue({
    el: '#app', //指定id="app"代码块内可以使用Vue.js语法
    data: {
        dizhis:[],   //初始化数组变量，用户地址列表
        dizhi_id:"",//初始化变量，选中的地址id
        cps:[],      //初始化数组变量，要结算的产品列表
        liuyan:"",   //初始化变量，留言
        fy:0         //初始化变量，要结算的费用
    },
    //页面初始化要执行的
    mounted:function(){
        //调用自定义方法UDiZhis，获取收货人列表
        this.UDiZhis();//this别忘记，方法名后面的()不能遗漏
        //调用自定义方法GetCps，获取要结算的产品列表
        this.GetCps();
    },
    //自定义的函数（方法）
```

```
methods:{
    //自定义方法UDiZhis，加载用户地址
    UDiZhis:function(message){
        axios.get(`http://vue.yaoyiwangluo.com/wx_dizhi_list.asp`, //接口
            {
                params:{
                    cs_uid:localStorage.u_id //参数：用户id
                }
            }
        )
        .then(response => {
            console.log(response.data); //控制台输出调试信息
            this.dizhis = response.data;//赋值
        })
        //}.bind(this)) //then 结束，上面赋值结束后，这里一定要执行bind，否则无数据
        .catch(function (error) {
            console.log(error);
        }); //axios.get 结束
    },//UDiZhis 结束

    //自定义方法GetCps，加载用户要结算的产品列表

    //自定义方法tijiao，提交数据

    } //method 结束
}))//new Vue 结束
</script>
```

15.2.3　加载下单产品列表

1. 接口

ASP 接口：http://vue.yaoyiwangluo.com/wx_gwc_list_by_ids.asp4。

主要涉及参数如下。

❑ uid：整型数字，用户 id（提供一个测试数据 =707）。

❑ cpids：字符串，产品数组，以逗号分隔（提供一个测试数据 = 200372,200373）。

根据上面提供的接口程序 + 参数，我们提供了一个真实的数据接口，地址为 http://vue.yaoyiwangluo.com/wx_gwc_list_by_ids.asp?uid=707&cpids=200372,200373。

返回数据如下：

```
[
    {
        "gwc_id" : "200372",
        "cp_id" : "650",
        "cp_tupian" : "http://vue.yaoyiwangluo.com/tupian/2019/xx5.jpg",
        "cp_mingcheng" : "自然堂雪域精粹水乳套装",
```

```
            "cp_shuliang":"1",
            "cp_kucu" : "100",
            "cp_yixiaoshou" : "55",
            "jiage" : "253",
            "shijian_gouwuche" : "2019/9/10 10:56:13"
        } ,
        {
            "gwc_id" : "200373",
            "cp_id" : "645",
            "cp_tupian" : "http://vue.yaoyiwangluo.com/tupian/2019/xx.jpg",
            "cp_mingcheng" : "测试产品06",
            "cp_shuliang":"1",
            "cp_kucu" : "100",
            "cp_yixiaoshou" : "55",
            "jiage" : "46",
            "shijian_gouwuche" : "2019/9/10 10:56:18"
        }
]
```

数据字段含义：

❏ gwc_id：整型数字，购物车 id。

❏ cp_id：整型数字，产品 id。

❏ cp_tupian：产品的主图。

❏ cp_mingcheng：产品名称。

❏ cp_shuliang：产品购买数量。

❏ cp_kucu：产品库存。

❏ cp_yixiaoshou：产品已销售。

❏ jiage：价格。

❏ shijian_gouwuche：加入购物车时间。

2. 实战

根据获取的产品列表数据 cps 循环显示，cp 代表每个产品，界面代码如下：

```
<!--提交需要结算的产品列表 循环开始-->
<div v-for="(cp,index) in cps">
    <!--产品-->
    <div class="jiesuan_cp">
        <div class="jiesuan_cp_tupian">
            <img v-bind:src="cp.cp_tupian"   class="jiesuan_cp_tupian_img"
                /><!--产品 图片-->
        </div>
        <div class="jiesuan_cp_xinxi">
            <div class="jiesuan_cp_xinxi_biaoti">
                {{cp.cp_mingcheng}}<!--产品 名称-->
            </div>
```

```
        <div class="jiesuan_cp_xinxi_shuxing">
            库存: {{cp.cp_kucu}} | 已销售: {{cp.cp_yixiaoshou}}
        </div>
        <div class="jiesuan_cp_xinxi_jiage">
            <div class="jiesuan_cp_xinxi_jiage_zuo">¥ {{cp.jiage}}</div>
                <!--产品 价格-->
            <div class="jiesuan_cp_xinxi_jiage_you">数量 X {{cp.cp_
                shuliang}}</div> <!--产品 数量-->
        </div>
    </div>
</div>
</div><!--提交需要结算的产品列表，循环结束-->
```

根据当前登录的用户 id 以及传递过来的要购买的产品 id，读取要下单的产品列表信息，具体步骤如下。

1）在 Vue.js 的 data 区域，定义变量 cps（产品数组，初始为空）、fy（结算总费用，初始为 0）。

2）在 methods 区域，自定义方法 getCps，用于获取要下单的产品信息，将返回值赋值给变量 cps。

3）同时根据要下单的产品数量和单价，计算出总的费用，赋值给变量 fy。

4）在 mounted 区域，调用自定义方法 getCps，执行数据获取。

Vue.js 核心代码如下：

```
//自定义方法GetCps，加载用户要结算的产品列表
GetCps:function(){
    axios.get(`http://vue.yaoyiwangluo.com/wx_gwc_list_by_ids.asp`, //接口
        {
            params:{
                uid:localStorage.u_id, //参数1: 用户id
                cpids:cs1_zhi //参数2: 要加载的产品id字符串，形如: cpids: 200397,200398
            }
        }
    )
    .then(function (response) {
        console.log(response.data); //控制台输出调试信息
        this.cps = response.data;    //获取的产品列表，赋值给变量
        //下面循环获取的产品数据，计算出总的费用
        for(var x=0;x<this.cps.length;x++){
            this.fy = this.fy + this.cps[x].jiage * this.cps[x].cp_shuliang;
            //每个产品费用 = 单个产品的价格×购买的数量
            //累加费用，将费用赋值给变量fy，fy最终的数据代表总费用
        }
    }.bind(this)) //then 结束，上面赋值结束后，这里一定要执行bind，否则无数据
    .catch(function (error) {
        console.log(error);
    }); //axios.get 结束
}, //GetCps 结束
```

15.2.4 提交订单

1. 接口

ASP 接口：http://vue.yaoyiwangluo.com/wx_gwc_xiadan_by_cpids.asp。

涉及的主要参数如下。

❑ cs_uid：整型数字，用户 id（提供一个测试数据 =707）。

❑ cpids：字符串，产品数组，以逗号分隔（提供一个测试数据 = 200372，200373）。

❑ cs_dizhiid：整型数字，地址 id。

❑ cs_liuyan：字符串，留言内容。

根据上面提供的接口程序 + 参数，我们提供了一个真实的数据接口，地址为 http://vue.yaoyiwangluo.com/wx_gwc_xiadan_by_cpids.asp?cs_uid=707&cpids=200372,200373&cs_dizhiid=220&cs_liuyan= 留言测试。

返回数据如下：

```
{"zt":"yes","xinxi":"下单成功","uid":"0"}
```

数据字段含义：

❑ zt：若为 yes 表示下单成功，若为 no 表示其他信息。

❑ xinxi：下单返回的信息（下单成功）。

2. 实战

下单之前要先选择收货地址，然后根据当前用户 id、下单的购物车 id、收货人地址 id 和留言信息，提交下单数据到接口。具体步骤如下。

1）先判断是否选择了收货人，如果没有选择，弹出提示；如果选择了则写入下单信息。

2）选择了收货地址后，提交用户 id、下单产品 id、地址 id 和留言信息到接口。

3）下单成功，跳转到订单列表。

Vue.js 核心代码如下：

```
//自定义方法tijiao, 提交数据
tijiao:function(){
    console.log(document.getElementsByName("dizhi_id"));//控制台输出调试信息
    var objNameList=document.getElementsByName('dizhi_id');
    //获取dom树中名称为dizhi_id的所有单选项
    //下面代码：循环判断所有的单选项目
    //如果有选中项目，则赋值给变量dizhi_id
    for(var i=0;i<objNameList.length;i++)
    {
        if(objNameList[i].checked==true){ //如果单选项目选中
            this.dizhi_id = objNameList[i].value  //将单选项目的值赋值给变量dizhi_id
        }
```

```
    }
    //下面代码：我们要判断是否有选中收货人
    //如果已经选择收货人，则提交下单信息
    //如果没有选择收货人，则弹出提示，同时终止提交流程
    if(this.dizhi_id==""||this.dizhi_id==undefined){ //没有选中收货人
        alert("请选择收货地址！"); //弹出提示
        return false; //终止执行
    }else{
        console.log("选择的地址是: "+this.dizhi_id); //控制台输出调试信息
    }
    console.log("留言: "+this.liuyan);//控制台输出调试信息

    //下单
    axios.get('http://vue.yaoyiwangluo.com/wx_gwc_xiadan_by_cpids.asp',
        {
            params:{
                cs_uid:localStorage.u_id, //参数1：用户id
                cpids:cs1_zhi, //参数2：要下单的产品id字符串集合
                cs_dizhiid:this.dizhi_id,//参数3：收货人的地址id
                cs_liuyan:this.liuyan //参数4：订单留言信息
            }
        }
    )
    .then(function(response) {
        console.log(response); //控制台输出调试信息
        console.log(response.data.xinxi); //控制台输出调试信息
            //根据返回信息跳转
            if(response.data.zt=="yes"){ //下单成功
                alert('下单成功!'); //弹出提示信息
                window.location='u_dingdan_list.html'; //跳转到用户列表
            }
            if(response.data.zt=="no"){   //下单失败
                //这里可以做自己的逻辑处理
            }
    }) //then 结束
    .catch(function(error) {
        //错误处理
        console.log(error);
    }); //axios.get 结束
} //tijiao 结束
```

15.3　订单列表

本节主要讲解用户订单列表的实现，完整代码请参考 u_dingdan_list.html。效果如图 15-4 所示。

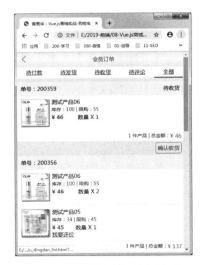

图 15-4 用户订单列表页面

15.3.1 顶部菜单切换

首先了解几个状态值。

❏ 待付款 =2：用户已经下单，还没付款；可以取消订单或者去付款。

❏ 待发货 =3：用户已经付款，等待商家发货和后台处理。

❏ 待收货 =4：商家已经发货，等待用户收货。

❏ 待评论 =5：用户已经收货，还没有评论。

❏ 全部 =0：所有状态的订单。

在订单不同状态切换时，会在页面 URL 后跟上对应的参数，因此在页面初始化时首先要获取状态参数。核心 JavaScript 代码如下：

```
<script>
    //下面代码获取页面的参数，默认页面无参数，显示所有订单
    //某个状态的链接形如：u_dingdan_list.html?lxid=2
    //状态：待付款=2；待发货=3；待收货=4；待评论=5；全部=0
    cs1_zhi = 0 ; //默认参数的值：0；也就是状态默认值为0，显示全部订单
    urlinfo=window.location.href; //获取当前页面的url
    len=urlinfo.length;//获取url的长度
    offset=urlinfo.indexOf("?");//设置参数字符串开始的位置
    if(offset>0){ //如果有参数
        neirong=urlinfo.substr(offset+1,len);
                //取出参数字符串，这里会获得类似"id=1"这样的字符串
        neirong = neirong.replace("#",""); //字符串替换
        console.log(neirong); //控制台输出调试信息
        cs1=neirong.split("=") //（形如lxid=2的参数）拆分成数组
```

```
            cs1_mc=cs1[0];//得到参数名字
            cs1_zhi=cs1[1];//得到参数值: 状态的id

        }else{
        }
        console.log("参数: "+cs1_zhi);//控制台输出调试信息
</script>
```

　　顶部菜单的每个状态都链接到同一个页面,在 URL 后,根据 lxid 值的不同来识别不同的状态。静态界面代码如下:

```
<div id="app"><!--需要使用vue.js语法的内容,都需要写在id="app"代码块之间-->

<!--顶部状态导航-->
<div class="caidan">
  <!--状态: 待付款=2;待发货=3;待收货=4;待评论=5;全部=0-->
  <a  href="u_dingdan_list.html?lxid=2" v-bind:class="['caidan_putong',xianshi2
? 'caidan_xuanzhong' : '']">待付款</a>
  <a  href="u_dingdan_list.html?lxid=3" v-bind:class="['caidan_putong',xianshi3
? 'caidan_xuanzhong' : '']">待发货</a>
  <a  href="u_dingdan_list.html?lxid=4" v-bind:class="['caidan_putong',xianshi4
? 'caidan_xuanzhong' : '']">待收货</a>
  <a  href="u_dingdan_list.html?lxid=5" v-bind:class="['caidan_putong',xianshi5
? 'caidan_xuanzhong' : '']">待评论</a>
  <a  href="u_dingdan_list.html?lxid=0" v-bind:class="['caidan_putong',xianshi0
? 'caidan_xuanzhong' : '']">全部</a>
</div>

</div><!--id="app" 结束-->
```

　　顶部菜单根据页面传递的参数在当前页显示选中的样式。核心 Vue.js 处理代码如下:

```
<script>
new Vue({
    el: '#app', //指定id="app"代码块内可以使用Vue.js语法
    data: {
        //状态: 待付款=2;待发货=3;待收货=4;待评论=5;全部=0
        xianshi0:false, //初始化变量,"全部"菜单是否默认显示
        xianshi2:false, //初始化变量,"待付款"菜单是否默认显示
        xianshi3:false, //初始化变量,"待发货"菜单是否默认显示
        xianshi4:false, //初始化变量,"待收货"菜单是否默认显示
        xianshi5:false, //初始化变量,"待评论"菜单是否默认显示
        dingdans:[]      //初始化数组变量,存放用户的订单列表
    },
    //页面初始化要执行的
    mounted:function(){
        //调用自定义方法caidan,确认顶部哪个菜单处于选中状态
        this.caidan();
        //调用自定义方法GetDingdans,获取用户的订单列表
        this.GetDingdans();
    },
```

```
//自定义的函数（方法）
methods:{
    //自定义方法caidan，顶部菜单状态的选中
    caidan:function(){
        //状态：待付款=2；待发货=3；待收货=4；待评论=5；全部=0
        //根据前面获取的参数cs1_zhi的值来判断哪个菜单选中
        if(cs1_zhi==2||cs1_zhi=="2"){ //待付款=2
            this.xianshi2 =true;   //设定变量的值，该栏目选中
        }
        if(cs1_zhi==3||cs1_zhi=="3"){ //待发货=3
            this.xianshi3 =true;   //设定变量的值，该栏目选中
        }
        if(cs1_zhi==4||cs1_zhi=="4"){ //待收货=4
            this.xianshi4 =true;   //设定变量的值，该栏目选中
        }
        if(cs1_zhi==5||cs1_zhi=="5"){ //待评论=5
            this.xianshi5 =true;   //设定变量的值，该栏目选中
        }
        if(cs1_zhi==0||cs1_zhi=="0"){ //全部=0
            this.xianshi0 =true;   //设定变量的值，该栏目选中
        }
    },//caidan 结束

    //自定义方法GetDingdans，加载用户的订单列表

    //自定义方法quxiao，取消订单
    //自定义方法fukuan，付款

    //自定义方法shouhuo，收货

}, //method 结束
}) //new Vue 结束
</script>
```

15.3.2　用户订单列表

本小节主要讲解用户订单列表的实现，根据当前登录的用户 id，可以读取用户所有的订单信息。

1. 接口

ASP 接口：http://vue.yaoyiwangluo.com/wx_sp_info-a.asp。

涉及的主要参数如下。

❑ cs_uid：登录的用户 id。

❑ cs_lxid：订单的状态，状态值如"待付款 =2；待发货 =3；待收货 =4；待评论 =5；全部 =0"。

根据上面提供的接口程序 + 参数，我们提供了一个真实的数据接口，地址为 http://vue.

yaoyiwangluo.com/wx_sp_info-a.asp?cp_id=649。

返回数据如下：

```
[
{
"danhao":"200373",
"shijian":"2019/9/10 12:05:07",
"zt":2,
"cps":[
        {
        "cp_id":650,
        "tupian":"http://vue.yaoyiwangluo.com/tupian/2019/xx.jpg",
        "mingcheng":"自然堂雪域精粹水乳套装",
        "kucun":"100",
        "xiangou":"55",
        "shuliang":"2",
        "jiage":"253",
        "pinglun_yn":"否"
        } ,
        {
        "cp_id":645,
        "tupian":"http://vue.yaoyiwangluo.com/tupian/2019/x3415.jpg",
        "mingcheng":"测试产品06",
        "kucun":"100",
        "xiangou":"55",
        "shuliang":"1",
        "jiage":"46",
        "pinglun_yn":"否"
        }
    ],
"chanpinshu":"3",
"feiyong":"552"
}
]
```

其中，zt 若为 0 则表示全部，若为 1 则表示在购物车，若为 2 则表示待付款，若为 3
则表示待发货，若为 4 则表示待收货，若为 5 则表示待评论。返回的第一层数据字段含义
如下：

❑ danhao：字符串，单号。

❑ shijian：字符串，下单时间。

❑ zt：整型数字，订单状态。

❑ cps：对象数组，表示该订单的产品。

返回的第二层数据（订单包含的产品数组 cps）字段含义：

❑ cp_id：整型数字，产品 id。

❑ tupian：字符串，产品图片。

❑ mingcheng：字符串，产品名称。

❑ kucun：字符串，库存数量。

❑ xiangou：字符串，限购数量。

❑ shuliang：字符串，购买数量。

❑ jiage：字符串，价格。

❑ pinglun_yn：字符串，是否评论（是表示已经评论，否表示没有评论）。

2. 实战

用户订单列表显示的是当前登录用户成功下单的列表。根据用户的 id 获取当前用户的所有订单后，包含待付款、待发货、待收货状态的订单。界面代码如下：

```html
<!--订单列表 for外层循环开始-->
<div v-for="dd in dingdans">
    <!--订单-->
    <div class="dingdan">


        <!--订单-单号栏目-->
        <div class="dingdan_danhao">
            <p class="dingdan_danhao_zuo">单号：{{dd.danhao}}</p>
            <p class="dingdan_danhao_you">
                <!--状态：待付款=2；待发货=3；待收货=4；待评论=5；全部=0-->
                <label v-if="dd.zt==2">待付款</label>
                <label v-if="dd.zt==3">待发货</label>
                <label v-if="dd.zt==4">待收货</label>
                <!--是否评论的代码在下方-->
            </p>
        </div>


        <!--for内层循环开始，显示该订单的产品（1个订单可以有多个产品） 开始-->
        <div v-for="cp in dd.cps">
        <!--订单-产品-->
        <div class="dingdan_chanpin">
            <div class="dingdan_chanpin_tupian">
                <img v-bind:src="cp.tupian" class="dingdan_chanpin_tupian_img"/>
                <!--产品图片-->
            </div>
            <div class="dingdan_chanpin_xinxi">
                <div class="dingdan_chanpin_xinxi_biaoti">
                {{cp.mingcheng}}<!--产品名称-->
                </div>
                <div class="dingdan_chanpin_xinxi_fujia">
                    库存：{{cp.kucun}} | 限购：{{cp.xiangou}}
                </div>
                <div class="dingdan_chanpin_xinxi_shuliang">
                    <div class="dingdan_chanpin_xinxi_shuliang_zuo">
                        ¥ {{cp.jiage}} <!--产品价格-->
```

```
            </div>
            <div class="dingdan_chanpin_xinxi_shuliang_you">
                数量 X {{cp.shuliang}} <!--产品数量-->
            </div>
        </div>
        <div class="dingdan_chanpin_xinxi_biaoti">
            <!--状态：待付款=2；待发货=3；待收货=4；待评论=5；全部=0-->
            <!--下面判断，如果订单已经收货（也就是状态 待评论=5）而且没有评论 则显示
                "评价功能" -->
            <!--已经评价的，这里不做任何显示-->
            <a v-bind:href="'u_dingdan_chanpin_pingjia.html?danhao='+dd.
                danhao+'&cp_id='+cp.cp_id" v-if="dd.zt==5&&cp.pinglun_yn==
                '否'"><!--跳转到评价页面-->
            我要评价</a>
        </div>
    </div>
</div>
</div><!--for内层循环开始，显示该订单的产品（1个订单可以有多个产品）结束-->


<!--订单-结算信息：多少件产品，多少费用-->
<div class="dingdan_jiesuan">
    <p class="dingdan_jiesuan_txt1">{{dd.chanpinshu}} 件产品 | 总金额：    </p>
    <p class="dingdan_jiesuan_txt2">¥ {{dd.feiyong}}</p>
    <p class="dingdan_jiesuan_txt1"></p>
</div>

<!--订单-操作信息；状态：待付款=2；待发货=3；待收货=4；待评论=5；全部=0-->
<!--待付款=2 ：可以做 "取消订单" 和 "去付款" 操作-->
<!--待发货=3 ：等待商户操作，用户无功能-->
<!--待收货=4 ：商家已经发货，用户收到货物后，可以做"确认操作"操作-->
<!--待评论=5 ：用户收货后，没有评价的可以做"我要评价"操作-->
<div class="dingdan_caozuo">
    <a v-if="dd.zt==2" class="dingdan_caozuo_xiangmu" @click="quxiao(dd.
        danhao)">
    取消订单</a><!--调用自定义方法quxiao, 取消订单-->
    <a v-if="dd.zt==2" class="dingdan_caozuo_xiangmu" @click="fukuan(dd.
        danhao)">
    去付款</a><!--调用自定义方法fukuan, 模拟付款-->
    <a v-if="dd.zt==4" style="cursor: pointer;" class="dingdan_caozuo_
        xiangmu" @click="shouhuo(dd.danhao)">
    确认收货</a><!--调用自定义方法shouhuo, 确认收货-->
</div>

        </div>
    </div> <!--订单列表 for外层循环结束-->
```

在程序部分，根据用户的 id 和对应的状态，获取对应的产品信息，然后赋值给 dingdans 显示即可。Vue.js 代码如下：

```
//自定义方法GetDingdans，加载用户的订单列表
GetDingdans:function(){
    axios.get('http://vue.yaoyiwangluo.com/wx_dingdan_list_by_lxid.asp',
        {
            params:{
                cs_uid:localStorage.u_id,//参数1：用户id
                cs_lxid:cs1_zhi           //参数2：选中的状态值
                //状态：待付款=2;待发货=3;待收货=4;待评论=5;全部=0
            }
        }
    )
    .then(function (response) {
        //response.data 返回值，下面插入你要执行的代码
        this.dingdans = response.data;//返回值赋值
    }.bind(this))//then 结束，上面赋值结束后，这里一定要执行bind，否则无数据
    .catch(function (error) {
        console.log(error);
    }); //axios.get  结束
}, //GetDingdans 结束
```

15.4 取消订单

在订单列表中，每个订单的底部会有对应订单的操作，下单没有付款的订单，可以执行"取消订单"的操作。详细代码参考 u_dingdan_list.html，效果如图 15-5 所示。

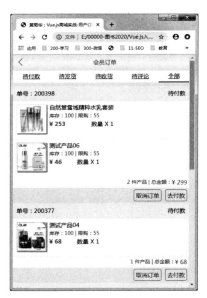

图 15-5　取消订单页面

1. 接口

ASP 接口：http://vue.yaoyiwangluo.com/wx_dingdan_del.asp。

涉及的主要参数如下

❑ cs_uid：整型数字，当前要取消的订单的用户 id（提供一个测试数据 =707）。

❑ cs_danhaoid：要取消的单号 id。

根据上面提供的接口程序 + 参数，我们提供了一个真实的数据接口，地址为 http://vue.yaoyiwangluo.com/wx_dingdan_del.asp?cs_uid=707&cs_danhaoid=200376。

返回数据如下：

```
{"zt":"yes","xinxi":"删除成功"}
```

数据字段含义：

❑ zt：若为 yes 表示删除成功，若为 no 表示其他信息。

❑ xinxi：返回信息（删除成功）。

2. 实战

在订单列表点击"取消订单"，调用方法 quxiao 来执行，取消订单代码如下：

```
<a v-if="dd.zt==2" class="dingdan_caozuo_xiangmu" @click="quxiao(dd.danhao)">
        取消订单</a><!--调用自定义方法quxiao，取消订单-->
```

根据当前用户的 id 和要取消的订单的单号，提交数据到取消订单的接口，执行取消后重新加载刷新页面。核心 Vue.js 代码如下：

```
//自定义方法quxiao，取消订单
quxiao:function(danhao){
    //先弹出"确定要取消订单？"的提示
    //确认后，提交到取消订单的接口处理
    if(confirm("确定要取消订单？")){
        axios.get('http://vue.yaoyiwangluo.com/wx_dingdan_del.asp',
            {
                params:{
                    cs_uid:localStorage.u_id,      //参数1
                    cs_danhaoid:danhao //参数2
                }
            }
        )
        .then(function (response) {
            //response.data 返回值，下面插入你要执行的代码
                console.log(response.data);//控制台输出调试信息
                location.reload(); //重新加载该页面
        }.bind(this)) //then 结束，上面赋值结束后，这里一定要执行bind，否则无数据
        .catch(function (error) {
            console.log(error);
        }); //axios.get   结束
    } //if 结束
}, //quxiao 结束
```

15.5 去付款

在订单列表中，每个订单的底部会有对应订单的操作，下单没有付款的订单，可以执行"去付款"的操作。详细代码参考 u_dingdan_list.html，效果如图 15-6 所示。

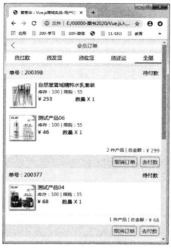

图 15-6　去付款页面

1. 接口

ASP 接口：http://vue.yaoyiwangluo.com/wx_dingdan_fukuan.asp。

涉及的主要参数如下。

❑ cs_uid：整型数字，当前要取消的订单的用户 id（提供一个测试数据 =707）。

❑ cs_danhaoid：要取消的单号 id。

根据上面提供的接口程序 + 参数，我们提供了一个真实的数据接口，地址为 http://vue.yaoyiwangluo.com/wx_dingdan_fukuan.asp?cs_uid=707&cs_danhaoid=200374。

返回数据如下：

```
{"zt":"yes","xinxi":"付款成功"}
```

数据字段含义：

❑ zt：若为 yes 表示付款成功；若为 no 表示其他信息。

❑ xinxi：返回信息（付款成功）。

2. 实战

可以在订单列表点击"去付款"来模拟付款，更改订单的状态，调用方法 fukuan 来执行。去付款调用代码如下：

```
<a v-if="dd.zt==2" class="dingdan_caozuo_xiangmu" @click="fukuan(dd.danhao)">
    去付款</a><!--调用自定义方法fukuan，模拟付款-->
```

根据当前用户的 id 和要付款的订单单号，提交数据到付款接口，执行付款后重新加载刷新页面。核心 Vue.js 代码如下：

```
//自定义方法fukuan, 付款
fukuan:function(danhao){
    //先弹出是否"确定要去付款？"的提示
    //确认后，提交到付款的接口处理，这里做的是模拟处理
    if(confirm("确定要去付款？")){
        axios.get('http://vue.yaoyiwangluo.com/wx_dingdan_fukuan.asp',//接口
            {
                params:{
                    cs_uid:localStorage.u_id,//参数1：用户id
                    cs_danhaoid:danhao         //参数2：单号
                }
            }
        )
        .then(function (response) {
        //response.data 返回值，下面插入你要执行的代码
            console.log(response.data);//控制台输出调试信息
            location.reload(); //重新加载该页面
            }.bind(this)) //then 结束，上面赋值结束后，这里一定要执行bind, 否则无数据
        .catch(function (error) {
            console.log(error);
        }); //axios.get 结束
    } //if 结束
}, //fukuan 结束
```

15.6　确认收货

用户付款后，后台收到订单付款信息，后台管理员执行发货操作；用户实际收到产品后，可以在待收货栏目，点击"确认收货"进行确认操作。详细代码参考 u_dingdan_list.html，效果如图 15-7 所示。

图 15-7　确认收货页面

1. 接口

ASP 接口：http://vue.yaoyiwangluo.com/wx_dingdan_shouhuo.asp。

涉及主要参数如下。

❏ cs_uid：整型数字，当前要取消的订单的用户 id（提供一个测试数据 =707）。

❏ cs_danhaoid：要取消的单号 id。

根据上面提供的接口程序 + 参数，我们提供了一个真实的数据接口，地址为 http://vue.yaoyiwangluo.com/wx_dingdan_shouhuo.asp?cs_uid=707&cs_danhaoid=200374。

返回数据如下：

```
{"zt":"yes","xinxi":"收货成功"}
```

数据字段含义：

❏ zt：若为 yes 表示收货成功，若为 no 表示其他信息。

❏ xinxi：返回信息（收货成功）。

2. 实战

在订单列表点击"确认收货"，调用方法 shouhuo 来执行，确认收货调用代码如下：

```
<a v-if="dd.zt==4" style="cursor: pointer;" class="dingdan_caozuo_xiangmu" @
    click="shouhuo(dd.danhao)">
            确认收货</a><!--调用自定义方法shouhuo，确认收货-->
```

根据当前用户的 id 和要收货的订单单号，提交数据到收货接口，执行收货处理后重新加载刷新页面。核心 Vue.js 代码如下：

```
//自定义方法shouhuo, 收货
shouhuo:function(danhao){
    //先弹出是否"确定要收货？"的提示
    //确认后，提交到收货的接口处理
    if(confirm("确定要收货？")){
        axios.get('http://vue.yaoyiwangluo.com/wx_dingdan_shouhuo.asp',
            {
                params:{
                    cs_uid:localStorage.u_id,//参数1: 用户id
                    cs_danhaoid:danhao        //参数2: 单号
                }
            }
        )
        .then(function (response) {
            //response.data 返回值，下面插入你要执行的代码
            console.log(response.data); //控制台输出调试信息
            location.reload(); //重新加载该页面
        }.bind(this)) //then 结束，上面赋值结束后，这里一定要执行bind，否则无数据
        .catch(function (error) {
            console.log(error);
```

```
    });    //axios.get  结束
  } //if 结束
}, //shouhuo 结束
```

15.7　产品评论

本节主要讲解产品评价功能的实现，详细代码参考 u_dingdan_chanpin_pingjia.html。用户收到产品，确认收货后，在"待评论"栏目可以对收到的产品发起评价，效果如图 15-8 和图 15-9 所示。

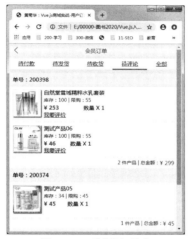

图 15-8　待评论列表

图 15-9　产品评论页面

1. 获取参数

产品评论是从用户的订单列表跳转过来的。代码如下：

```
<a v-bind:href="'u_dingdan_chanpin_pingjia.html?danhao='+dd.danhao+'&cp_id='+cp.
  cp_id" v-if="dd.zt==5&&cp.pinglun_yn=='否'"><!--跳转到评价页面-->
```

用户的订单在确认收货后，才能进行评价。从订单列表到评论页面，会传递单号和产品 id 作为参数，形如：

```
u_dingdan_chanpin_pingjia.html?danhao='+dd.danhao+'&cp_id='+cp.cp_id
```

在该页面获取参数的核心 JavaScript 处理代码如下：

```
<script>
//来源页面 u_dingdan_chanpin_pingjia.html?danhao='+dd.danhao+'&cp_id='+cp.cp_id
//下面代码获取页面的参数，从上一个页面传递来了两个参数 danhao（单号）和cp_id（产品id）
urlinfo=window.location.href; //获取当前页面的url
len=urlinfo.length;//获取url的长度
offset=urlinfo.indexOf("?");//设置参数字符串开始的位置
neirong=urlinfo.substr(offset+1,len)//取出参数字符串，这里会获得类似"danhao=x&cp_
    id=y"这样的字符串
neirong1=neirong.split("&");//对获得的参数字符串按照"&"进行分隔
//下面是danhao=x的处理
cs1=neirong1[0].split("=")
cs1_mc=cs1[0];//得到参数名字
cs1_zhi=cs1[1];//得到参数值：单号
//下面是cp_id=y的处理
cs2=neirong1[1].split("=")
cs2_mc=cs2[0];//得到参数名字
cs2_zhi=decodeURI(cs2[1]);//得到参数值：产品id
</script>
```

2. 接口

ASP 接口：http://vue.yaoyiwangluo.com/wx_AddPinLun0.asp。

涉及的主要参数如下。

❑ cpid：产品 id。

❑ user_id：用户 id。

❑ xx：整型数字，评论几星（1 ~ 5）。

❑ pinlun_neirong：评论内容。

❑ danhao：评论产品所属单号。

返回数据如下：

```
评论成功
```

3. 实战

在评论页面，点击"发表评论"，提交到接口处理，具体步骤如下。

1）判断是否匿名。

2）获取评论的内容。

3）提交评论数据。包括产品 id、用户 id、几星、评论内容和单号，到接口提交数据。

4）若评论成功，则跳转到订单列表；若评论失败，则弹出错误信息。

核心 Vue.js 处理代码如下：

```
<script>
new Vue({
    el: '#app', //指定id="app"代码块内可以使用Vue.js语法
    data: {
        neirong:"" //初始化变量，评论内容
    },
    //页面初始化要执行的
    mounted:function(){
    },
    //自定义的函数（方法）
    methods:{
        //自定义方法pl，提交评论
        pl:function(){
            var niming = 0;//是否匿名；1表示匿名
            if(document.getElementById("niming").checked==true)
        {
            niming = 1
        }else{
            niming = 0
        }
            var neirong = document.getElementById("neirong").value; //获取评论内容
            console.log("单号: "+cs1_zhi+" | 产品id: "+cs2_zhi)   //控制台输出调试信息
            console.log(iScore+" | " +niming+" | " +  neirong) //控制台输出调试信息
            //提交评论信息
            axios.get('http://vue.yaoyiwangluo.com/wx_AddPinLun0.asp',//接口
                {
                    params:{
                        cpid:cs2_zhi, //参数1: 产品id
                        user_id :localStorage.u_id, //参数2: 用户id
                            xx:iScore, //参数3: 几星
                        pinlun_neirong:neirong, //参数4: 评论内容
                        danhao:cs1_zhi //参数5: 单号
                    }
                }
            )
            .then(function(response) {
                console.log(response); //控制台输出调试信息
                console.log(response.data.xinxi);//控制台输出调试信息
                //根据返回信息跳转
                if(response.data.zt=="yes"){ //评论成功
                    alert('评论成功!'); //弹出提示
                    window.location='u_dingdan_list.html?lxid=0';//跳转到订单列表（全部）
                }
                if(response.data.zt=="no"){ //评论失败
                    alert(response.data.xinxi); //弹出错误信息
                    //window.location='index.html'; //可以跳转或者做其他处理
                }
```

```
        })
            .catch(function(error) {
                //错误处理
                console.log(error);
            });//axios.get 结束
        }, //p1 结束

    }//method 结束
})//new Vue 结束
</script>
```

15.8 小结

对于购物商城来讲，最复杂的部分就是购物车和订单的处理。大家下载源代码后可以结合整个项目完整代码进行整体测试和研究。

两个源代码下载地址如下：

http://www.2d5.net/vue

http://www.hzyaoyi.cn/vue

推 荐 阅 读

"微商"系列图书：为各个阶段、各种形式的微商提供最佳指导方案

推 荐 阅 读

Vue.js应用测试

作者: Edd Yerburgh ISBN: 978-7-111-64670-9 定价: 79.00元

Three.js开发指南: 基于WebGL和HTML5在网页上渲染3D图形和动画（原书第3版）

作者: Jos Dirksen ISBN: 978-7-111-62884-2 定价: 99.00元

内容即未来: 数字产品规划与建模

作者: Mike Atherton,Carrie Hane ISBN: 978-7-111-60896-7 定价: 69.00元

PHP和MySQL Web开发（原书第5版）

作者: Luke Welling, Laura Thomson ISBN: 978-7-111-58773-6 定价: 129.00元